W0257518

VERSTÄNDLICHE WISSENSCHAFT

ACHTUNDSIEBZIGSTER BAND

SPRINGER-VERLAG BERLIN HEIDELBERG GMBH

DIE UNTERWELT DES TIERREICHES

KLEINE BIOLOGIE DER BODENTIERE

VON

FRIEDRICH SCHALLER

O. Ö. PROFESSOR DER ZOOLOGIE
AN DER TECHNISCHEN HOCHSCHULE UND
DIREKTOR DES STAATL. NATURHISTORISCHEN MUSEUMS BRAUNSCHWEIG

1.—6. TAUSEND

MIT 100 ABBILDUNGEN

SPRINGER-VERLAG BERLIN HEIDELBERG GMBH

Herausgeber der naturwissenschaftlichen Abteilung:
Prof. Dr. Karl v. Frisch, München

ISBN 978-3-540-02918-2   ISBN 978-3-642-80546-2 (eBook)
DOI 10.1007/978-3-642-80546-2

Library of Congress Catalog Card Number 62–16766

Vorwort

Für die Biologie ist die Mehrschichtigkeit ihrer Probleme bezeichnend. Sie arbeitet gleichzeitig auf verschiedenen Ebenen und mit verschiedenen Methoden. Ihre Aufgaben reichen von der „bloßen" Beschreibung und Ordnung der Objekte (der Organismen) bis zur Kausalanalyse ihrer Entwicklungs- und Lebensgesetze. Obgleich die erstgenannten deskriptiven Disziplinen (Systematik und Morphologie) historisch wesentlich älter sind als die experimentell forschenden Zweige (Physiologie, Genetik) sind doch alle noch gleicherweise aktuell; denn auch heute kann keines der biologischen Grundprobleme als gelöst gelten.

Die Zoologie allein hat über 1 Million bekannter Arten zu ordnen — und gewiß werden noch gut 300000 neue Spezies hinzukommen; denn die zoologische Erforschung der sogenannten Entwicklungsländer hat ja vielfach erst begonnen. Aber selbst in unseren Breiten sind wir mit dem Beschreiben und Ordnen noch lange nicht fertig, vor allem, wenn wir nach der Ökologie und Biologie unserer Kleintiere fragen. Was wissen wir schon von deren Umwelt und Lebensgewohnheiten?

Eines der dunkelsten Kapitel der „beschreibenden" Biologie war bis vor wenigen Jahren die Frage nach dem Leben und Treiben der Kleintierwelt des Erdbodens. Man wußte zwar, daß es da unter unseren Füßen von Würmern, Insektenlarven, Urinsekten, Tausendfüßern, Milben, Einzellern und anderem Kleingetier nur so wimmle — aber wer hatte schon deren lichtscheuem Getriebe zugesehen?

Es mußten erst neue Methoden des Fanges, der Züchtung und Beobachtung entwickelt werden, um dem Boden seine zoologischen Geheimnisse entlocken zu können. Von diesen Methoden und Geheimnissen soll hier erzählt werden. Da nur ganz wenige Bodentiere allgemein bekannt sind, werden erst die wichtigsten von ihnen kurz vorgestellt. Dann wird ihr Massenanteil am Boden und ihre produktionsbiologische Bedeutung für die Bodenbildung besprochen. Der 3. und 4. Hauptteil des Büchleins schließlich läßt uns die vielgestaltige Krabbelwelt mitten im Leben beobachten. Ich habe da freilich nur Beispiele auswählen können; aber schon diese lassen erkennen, daß das Leben in den lichtlosen und engen Spalten der Erdkrume keineswegs einförmig und langweilig ist. Im Gegenteil, das Kapitel der Sexualbiologie der Bodentiere ist an „Phantasie" kaum zu übertreffen.

Vieles, was in Abschnitt III und IV von den Lebensgewohnheiten der Bodentiere erzählt wird, verdanke ich der Mitarbeit meiner Schüler. Sie haben auch die meisten Bilder beigesteuert, ohne die manch absonderliche Paarungszeremonie kaum verständlich zu machen gewesen wäre. Wer sich stärker für die systematischen Einzelheiten und bodenbiologischen Zusammenhänge interessiert, sei auf die „Bodenbiologie" meines Wiener Lehrers Wilhelm Kühnelt (Herold-Verlag, Wien 1950; englische Neuauflage bei Faber and Faber, London 1961) verwiesen.

Herausgeber und Verleger schulde ich besonderen Dank für die wirklich großzügige Ausstattung dieses Büchleins.

Braunschweig, 12. Dezember 1960

Friedrich Schaller

Inhaltsverzeichnis

Quellenverzeichnis der Abbildungen

Die Abbildungen sind, soweit es nicht Originale oder völlige Neuzeichnungen sind, folgenden Werken entnommen:

Abb. 2, 4, 19, 20, 21 — BALOGH, Lebensgemeinschaften der Landtiere, Akademie-Verlag, Berlin 1958

Abb. 5a — KÜKENTHAL, Handbuch der Zoologie, Band II,1, 1933

Abb. 5b, 44 — TRAPPMANN, Dissertation Technische Hochschule Braunschweig 1954

Abb. 6, 9c, 13, 15, 26a — KÜHNELT, Bodenbiologie, Herold-Verlag, Wien 1950

Abb. 9a — Bull. Biogeograph. Soc. Japan 1959

Abb. 11a, 18, 31b — BRAUNS, Terricole Dipterenlarven, Musterschmidt, Göttingen 1954

Abb. 17 — ZACHARIAE, Vortragsmanuskript, Braunschweig 7. 12. 1959

Abb. 22 — TISCHLER, Synökologie der Landtiere, Fischer, Stuttgart 1955

Abb. 26b, 92, 93 — DELAMARE-DEBOUTTEVILLE, Microfaune du sol, Hermann, Paris 1951

Abb. 27, 85 — STACH, The Apterygotanfauna of Poland, Krakau 1954—1956

Abb. 28 — KÜKENTHAL, Handbuch der Zoologie, Band II,2, 1934

Abb. 35 — HESSE-DOFLEIN, Tierbau und Tierleben, Band II, Fischer, Jena 1943

Abb. 36b — Zool. Jahrbücher, Abt. Systematik, Band 82, 1953

Abb. 37 — Zool. Jahrbücher, Abt. Systematik, Band 88, 1961

Abb. 38, 53 — Zool. Jahrbücher, Abt. Systematik, Band 86, 1958

Abb. 42c, 42d — Kosmos, Band 56, 1960

Abb. 43 — Brehms Tierleben

Abb. 45, 62, 63, 64 — Zool. Jahrbücher, Abt. Systematik, Band 84, 1956

Abb. 9d, 46, 100 — Zool. Jahrbücher, Abt. Systematik, Band 86, 1959

Abb. 47, 51b — MEISENHEIMER, Geschlecht und Geschlechter im Tierreich, Band I, Fischer, Jena 1921

Abb. 49, 74, 75 — Zeitschr. f. Tierpsychologie, Band 17, 1960

Abb. 50 — Zeitschr. f. Morphologie und Ökologie der Tiere, Band 45, 1957

Abb. 54, 55, 56, 57 — Zeitschr. f. Tierpsychologie, Band 14, 1957

Abb. 58, 59, 60 — Naturwissenschaften, Band 45, 1958

Abb. 61 — v. BUDDENBROCK, Das Liebesleben der Tiere, Athenäum-Verlag, Bonn 1953

Abb. 65, 66, 67, 68 — Zool. Jahrbücher, Abt. Systematik, Band 84, 1956

Abb. 69, 70 — Comptes rendus des séances de l'Académie des Sciences, Band 249, 1959

Abb. 71, 72, 73 — Verh. d. Dtsch. Zool. Ges. Münster 1959

Abb. 77, 78, 79, 80 — Zeitschr. f. Tierpsychologie, Band 12, 1955

Abb. 81, 82, 83, 84 — Zeitschr. f. Tierpsychologie, Band 13, 1956

Abb. 86 — SCHULZE, Biologie der Tiere Deutschlands, Teil 25, 1926

Abb. 87 — Zool. Jahrbücher, Abt. Systematik, Band 85, 1957

Abb. 90 — KÜKENTHAL, Handbuch der Zoologie, Band IV, 1930

Abb. 95a — Gewässer und Abwässer, Düsseldorf 1959

Abb. 96 — KÜKENTHAL, Handbuch der Zoologie, Band III, 1941

Abb. 97 — STRÜBING, Schneeinsekten, Neue Brehm-Bücherei, 1958

Abb. 99 — Helgoländer wissenschaftl. Meeresuntersuchungen, Band 1, 1937

I. Einleitung

Der natürlich gewachsene Erdboden ist nicht nur ein Gemenge toter mineralischer und organischer Zerfallsprodukte, sondern zugleich auch Lebensraum einer vielgestaltigen Lebensgemeinschaft. Die höheren Pflanzen durchsetzen ihn mit ihrem Wurzelwerk; Pilze, Algen, Bakterien überziehen die Wände seiner Hohlräume; und in diesen wimmelt tausendfältiges tierisches Leben. Die wenigen größeren Bodentiere, die sich aktiv ihre eigenen Wege

Abb. 1 a

Abb. 1 a u. b. a Maulwurf; b Maulwurfsgrille. Beachte die gleiche Ausbildung der Vorderbeine als Grabwerkzeuge und die ähnliche Gestaltung der Körper, obgleich die beiden Tiere nicht enger miteinander verwandt sind („Konvergenz", vgl. S. 63!)

durch das Erdreich graben oder bohren, sind wohl allgemein bekannt: Maulwurf, Wühlmäuse, Engerlinge, Maulwurfsgrillen, Regenwürmer, um nur die bekanntesten zu nennen. Ihnen sieht man ihre Herkunft gleich an: sie sind entweder von wurmförmiger Gestalt, so daß sie sich leicht durch weicheren Boden zwängen können, oder sie haben besondere Grabwerkzeuge, wie Maulwurf und Maulwurfsgrille (Abb. 1). Ungleich arten- und individuenreicher

ist die Gemeinschaft der kleineren Bodentiere, die lediglich in
pflanzlichen Bodenteilen Gänge nagen können, sonst aber auf das
schon vorhandene Lückensystem angewiesen sind. Von ihnen
weiß der Laie kaum etwas, und auch die Bodenkundler und Biologen haben erst in den letzten Jahrzehnten Näheres von ihnen und
ihrem Leben und Treiben erfahren. Dieses aber ist so überraschend,

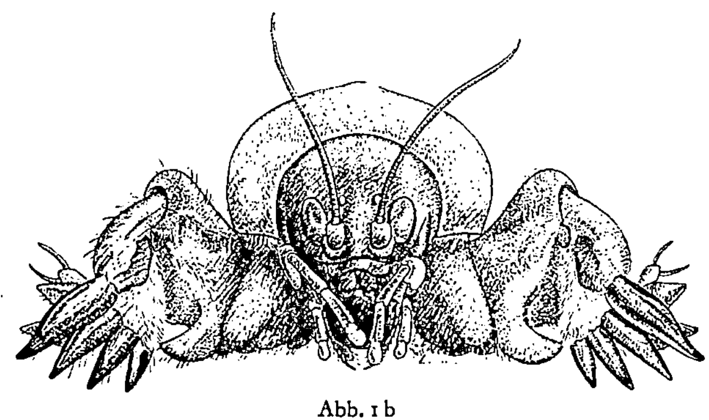

Abb. 1 b

daß es auch den Nichtfachmann reizen mag: 1. wegen der Fülle
der Gestalten und Lebensformen, die uns da begegnen, 2. wegen
ihrer großen produktionsbiologischen Bedeutung, 3. wegen ihres
unerwartet reichen und absonderlichen „Verhaltensinventars"
(wie die Zoologen neuerdings die Gesamtheit aller Lebensgewohnheiten eines Tieres zu bezeichnen pflegen).

1. Wie man die Bodenkleintiere fängt

Die meisten Bodentiere sind so klein, daß wir sie einfach übersehen. Das ist vielleicht gut so für die Ruhe unseres Gemüts.
Denn wer möchte schon bei einem Spaziergang durch Wald und
Wiesen daran denken, daß er mit jedem Schritt hunderte kleiner
Leben gefährdet. Auch wenn wir unseren Garten umgraben,
fördern wir nur hie und da einen Engerling oder Regenwurm zutage; sonst finden wir die Erde recht tierarm und tot. Das sieht
freilich gleich anders aus, wenn wir eine Handvoll frischen Humus
durch eine stärkere Lupe betrachten oder gar unter ein Binokular (Stereomikroskop) legen. Da sehen wir eine buntgestaltige

Gesellschaft herumkriechen. Sie verschwindet allerdings meist bald
nach unten, so daß die Oberfläche unserer kleinen Bodenprobe
wieder wie ausgestorben daliegt; denn nichts scheuen die Bodentiere so sehr wie Licht und Trockenheit. In dieser Beziehung
gleichen sie ganz den Höhlentieren; ja viele von ihnen sind auch
so wie diese farblos und blind. Man sieht, wie sie sich mit Beinen
und Fühlern vorwärtstasten und wie sie stets bestrebt sind, in
möglichst enge Räume zu schlüpfen. Die robusteren unter ihnen

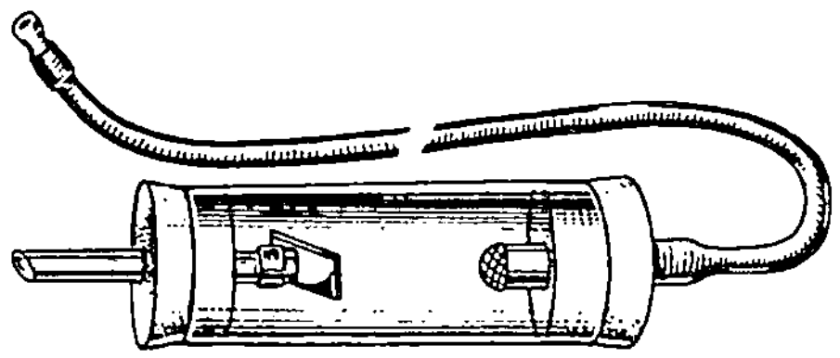

Abb. 2. Exhaustor zum Aufsaugen kleinerer Bodentiere (nach BALOGH 1958)

lassen sich aber schon an der Oberfläche mit dem Exhaustor
fangen; das ist ein Saugrohr, dessen Bau und Funktion Abb. 2
zeigt.

Ihre wahre Formenfülle bekommen wir erst durch einen kleinen
Kunstkniff zu sehen, dessen Grundgedanken wir BERLESE, einem
berühmten italienischen Zoologen des vorigen Jahrhunderts,
verdanken. Er geht davon aus, daß die Bodentiere Licht, Trockenheit und Wärme so sehr scheuen, daß man sie gleichsam durch
ihre eigene Mithilfe aus dem undurchschaubaren Höhlensystem
ihres Lebensraumes austreiben kann. Näheres demonstriert Abb. 3.
Eine so gewonnene Bodentierprobe zeigt uns schon viel besser,
was da alles in unseren Böden wimmelt. Und trotzdem ist auch
das wiederum nur ein Teil der wahren Individuen- und Artenfülle.
Denn der Berlese-Trichter erfaßt nur die besser wanderfähigen
Formen, vor allem die Insekten und ihre Larven, die Spinnentiere
und Tausendfüßler. Viele andere hingegen, die sich nur mühsam
vorwärtsschlängeln können, wie z. B. die unzähligen kleinen
Fadenwürmchen, oder gar solche Tiere, die so klein sind, daß sie
das feine, für das bloße Auge unsichtbar dünne Wasserhäutchen
bewohnen, das alle Bodenpartikel normalerweise überzieht, sie
alle ziehen sich bestenfalls in schützende Hüllen zurück, die sie

selbst ausscheiden, und warten als sogenannte „Dauerstadien" an Ort und Stelle auf bessere Zeiten. Draußen in der Natur, wo es doch einmal wieder regnen muß, genügt diese Methode vollauf, um das Leben dieser kleinsten Bodenbewohner zu erhalten; in unseren Berlese-Apparaten jedoch warten wir vergeblich auf ihr Kommen. Da müssen wir neue Kniffe ersinnen, um auch ihrer regelmäßig habhaft werden zu können. Am sichersten, aber auch sehr zeitraubend ist es, kleinste Bodenproben von wenigen Kubikmillimetern in Wasser aufzuschlämmen und dann Kubikmillimeter um Kubikmillimeter mikroskopisch „durchzukämmen". Manche Tierarten, wie z. B. Fadenwürmer (Nematoden), kann man auch in eigenen mit warmem Wasser betriebenen Kleintrichtern „mechanisch" austreiben (Abb. 4).

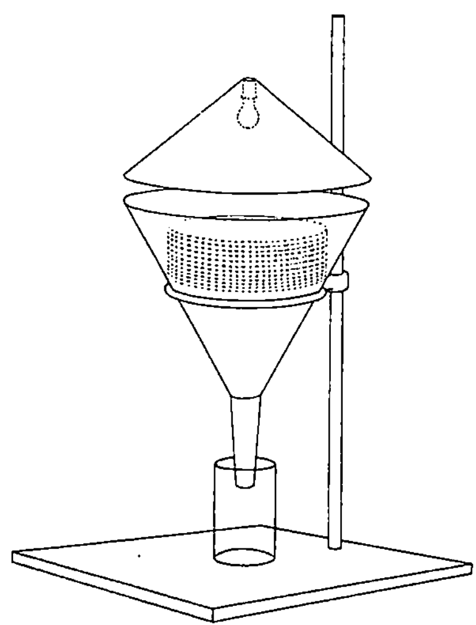

Abb. 3.: Der Berlese-Tullgren-Apparat. Die Wärme der elektrischen Glühbirne trocknet die Bodenproben im Drahteinsatz langsam von oben her aus und treibt so die lichtscheuen Bodentiere nach unten, bis sie schließlich durch den Trichter in das Auffanggefäß fallen. Aus abgemessenen Proben kann man so die besser wanderfähigen Tiere ziemlich quantitativ gewinnen. (Ursprünglich erwärmte und trocknete der Erfinder dieses Apparates (BERLESE) die Bodenproben mit einer Petroleumlampe von schräg unten her. Später setzte TULLGREN die elektrische Glühbirne ein.)

Die wahre Arten- und Individuen-Zahl aller Bodentiere in einer bestimmten Bodenprobe läßt sich also überhaupt nicht exakt bestimmen; wir können lediglich relativ vergleichbare Angaben über die drei wichtigsten Größenklassen machen:

a) über die ein bis mehrere Zentimeter großen, robusten Formen, die man am besten aus gröberen Proben fraktioniert heraussiebt (Regenwürmer, größere Insekten und Larven, Tausendfüßler und Spinnen),

b) über die 0,5 bis 5 mm großen Kleinformen, die im Lückensystem gut wandern können und deswegen am besten mit dem
Berlesetrichter erfaßt werden,

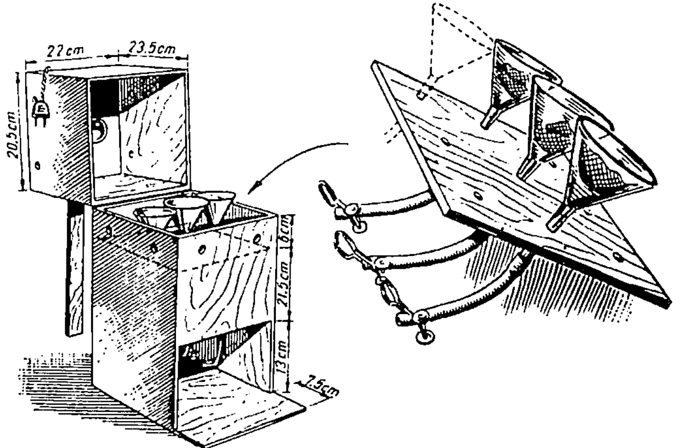

Abb. 4. Ausleseapparat für Fadenwürmer. Kleine Bodenproben (1—4 cm³)
kommen auf die Drahtgazeeinsätze in den Trichtern, die mit Wasser von
+ 13°C gefüllt werden. Eine 16 W-Lampe erwärmt das Wasser auf maximal
+ 30°C. Die Fadenwürmchen wandern zunächst aus den Proben aus und
verfallen dann bei + 30°C in Wärmestarre, so daß sie in den Trichtern nach
unten sinken. Nach etwa 12 Stunden können sie aus den Ablaufröhren durch
Öffnen der Quetschhähne entnommen werden (nach OVERGAARD-NIELSEN,
aus BALOGH 1958).

c) über die mikroskopisch kleinen Bewohner der feuchten
Bodenpartikel und des Bodenwasserhäutchens, die aus Schlämm-
proben mikroskopisch ausgelesen werden müssen.

2. Kurze Übersicht
über die bodenbewohnenden Tierformen

Wenn wir das, was die Bodenzoologen mit diesen Methoden
bis heute ans Licht gebracht haben, erst einmal qualitativ grob
überblicken, so gibt es mit Ausnahme der Schwämme, Hohltiere,
Muscheln, Tintenfische, Stachelhäuter, Fische und Vögel keine
größere Tiergruppe, die nicht eigene bodenbewohnende Arten
hervorgebracht hätte (wobei die Fauna der Unterwasserböden
außer acht gelassen bleibt).

Die bodenbewohnenden *wurmartigen Tiere* fallen vor allem durch ihre Fußlosigkeit auf (Abb. 5). Sie zwängen sich entweder peristaltisch (durch abwechselndes Dicker- und Dünnerwerden unter Einstemmen von Borsten) im Boden voran oder fressen sich einfach durch ihn hindurch (so die *Regenwürmer* und die ihnen verwandten Enchyträen), oder sie schlängeln sich durchs feuchte

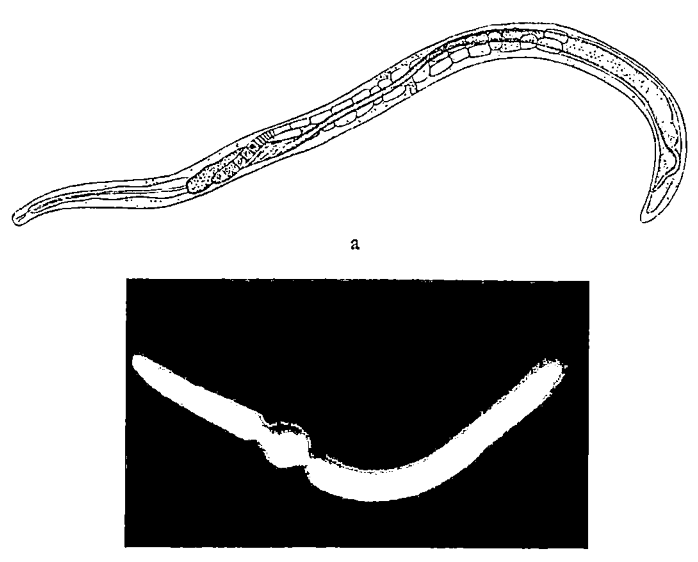

a

b

Abb. 5 a u. b. Wurmartige Bodentiere: a Nematode (Fadenwurm) *Dorylaimus papillatus* (nach Kükenthal 1933). Natürliche Länge ca. 1 mm. b Enchyträe, kleiner Verwandter der Regenwürmer (nach Trappmann 1954). Natürliche Länge ca. 1 cm

Substrat wie die kleinen unscheinbaren *Fadenwürmchen*, die nach den winzigen Einzellern die absolut häufigsten Bodentiere sind. Pro Kubikzentimeter Boden rechnet man 1000 bis 10000 Fadenwürmer (Nematoden). Sie sondern gern Schleim ab, in dem sie besser kriechen können. Meist besiedeln sie die obersten gut durchwurzelten Schichten. Trocknen diese aus, so bilden sie an Ort und Stelle in ihrer eigenen Haut sogenannte Dauerstadien. In diesem scheinbar vertrockneten Zustand überdauern sie dann die schlechten Zeiten. Überall aber, wo etwas verfault, erscheinen sie rasch wieder in riesiger Zahl.

6

Den Trockenscheintod haben die Fadenwürmer mit den ihnen nahestehenden *Rädertierchen* und mit den *Bärtierchen* gemeinsam. Diese ebenfalls mikroskopisch kleinen Boden- und Moosbewohner sind wegen ihrer unglaublichen Lebenszähigkeit berühmt geworden; sie überstehen als Dauerstadien sogar einen längeren Aufenthalt in flüssigem Helium (das —271°C kalt ist).

Die bodenbewohnenden *Schnekken* sind durch besondere Zartheit ihrer Schalen gekennzeichnet, sofern sie nicht überhaupt zu den sogenannten Nacktschnecken gehören.

Das Heer der *Gliederfüßer* stellt auch formenmäßig das Gros der

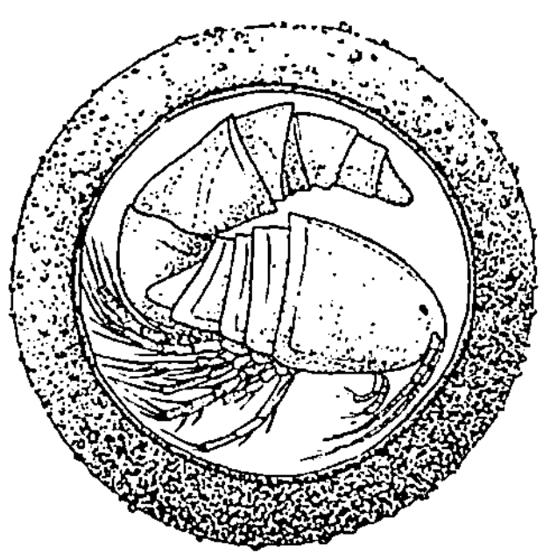

Abb. 6. Bodenbewohnender Ruderfußkrebs (Copepode) in Cyste (Vertrocknungsschutzhülle) vorübergehend eingeschlossen (nach KÜHNELT 1950). Natürliche Länge 1 mm

Bodentiere. Schon unter den *niederen Krebstieren*, die wir sonst nur aus dem Wasser kennen, gibt es einige echte Bodenbewohner. Sie gehören zur Gruppe der Copepoden (= Ruderfußkrebse oder Hüpferlinge) und leben regelmäßig im feuchten Fallaub. Die für Copepoden charakteristischen langen Antennen sind allerdings bei den Bodenformen sehr kurz. Sie können ja auch nicht mehr

Abb. 7. Assel (Isopode). Natürliche Länge ca. 1,5 cm

frei durchs Wasser hüpfen, sondern müssen sich auf dem Bauche
dahinschlängeln. Neben verschiedenen anderen Krebsen zeigen

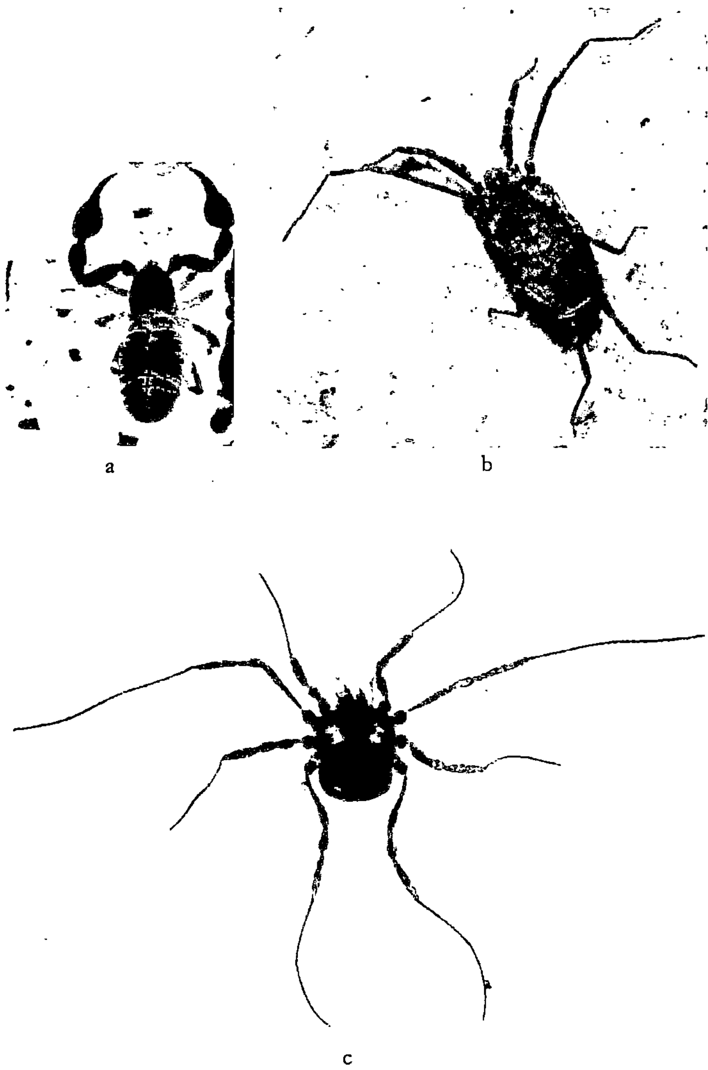

Abb. 8a—c. Spinnentiere: a Pseudoskorpion; b Brettkanker (*Trogulus*);
c Fadenkanker (*Nemastoma*)

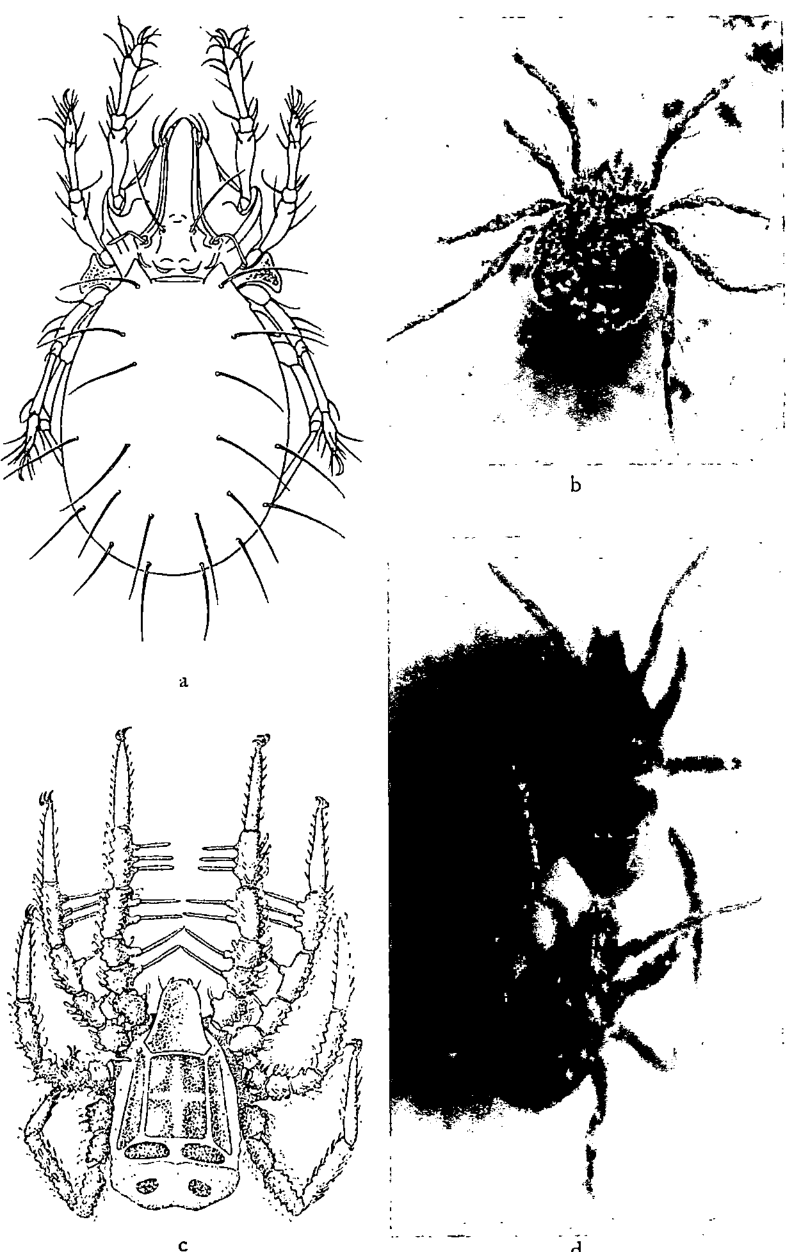

Abb. 9a—d. Verschiedene Bodenmilben: a, b Moosmilben (Oribatiden): a *Tetracondyla*; b *Belba;* c *Caeculus echinipes*, eine besonders hübsche Bodenmilbe (nach BERLESE, aus KÜHNELT 1950); d Pärchen der Käfermilbe *Parasitus coleoptratorum* (nach RAPP). Die natürliche Länge aller Milben liegt bei 1—2 mm

Abb. 10a

Abb. 10a—f. Springschwänze und andere Urinsekten: a Verschiedene Springschwanzarten aus oberflächlichen Bodenschichten; b Springschwanz (*Hypogastrura*) aus mittlerer Bodentiefe; c *Japyx*, räuberisches Urinsekt aus größeren Bodentiefen (natürliche Länge ca. 1 cm); d *Campodea* („Doppelschwanz"-Urinsekt), das in allen humusreichen Böden lebt (natürliche Länge 1 cm); e *Machilis* (Felsenspringer), f *Lepisma* (Silberfischchen), beide gehören zu den sog. Borstenschwänzen (Thysanuren)

sie uns noch am deutlichsten, daß ein Teil der Bodenfauna von Wassertieren abstammt, die zunächst das Grundwasser bewohn-

ten, bevor sie echte terrestrische (= Land-)Bodentiere geworden sind. Am schönsten demonstrieren uns ihre aquatile (= Wasser-)Abstammung die *Asseln*, die zu den *Höheren Krebsen* gehören. Sie leben in allen Böden mit entsprechendem Lückensystem. An Stelle der ursprünglichen Kiemen haben sie an den Abdominalbeinen (= Hinterbeinen) lungenartige Hauteinstülpungen, die wegen ihrer Luftfüllung als auffallend weiße Flecken auch von außen gut zu sehen sind. Die Asselgestalt ist überhaupt ein häufiger Lebensformtyp der mittelgroßen Bodentiere, und auch das Einklapp- und Einrollvermögen der sogenannten Kugelasseln

Abb. 10b

Abb. 10c

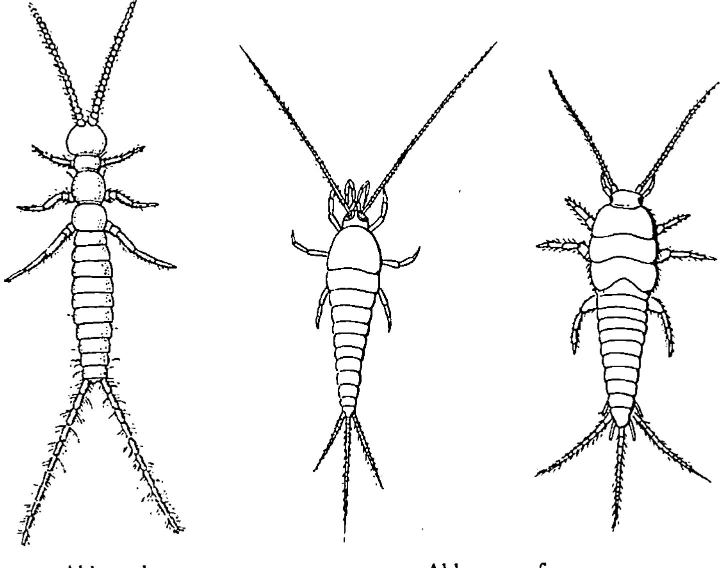

Abb. 10d   Abb. 10e u. f

(Armadillidien) kommt bei Bodentieren sonst nicht selten vor. Viele
Asseln leben bekanntlich nicht im Boden selbst, sondern an seiner
Oberfläche unter Steinen, Holz und Laubstreu. Wir werden im

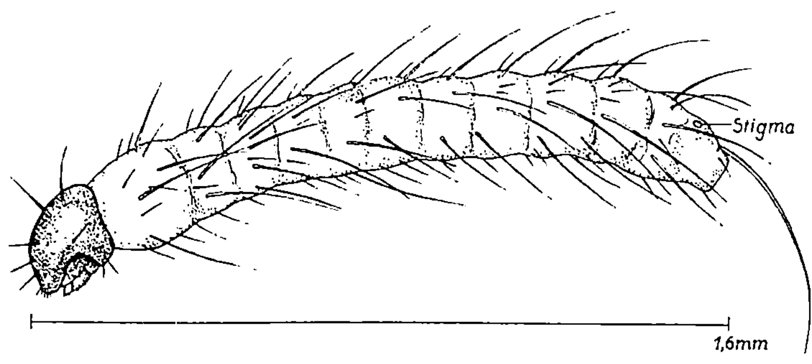

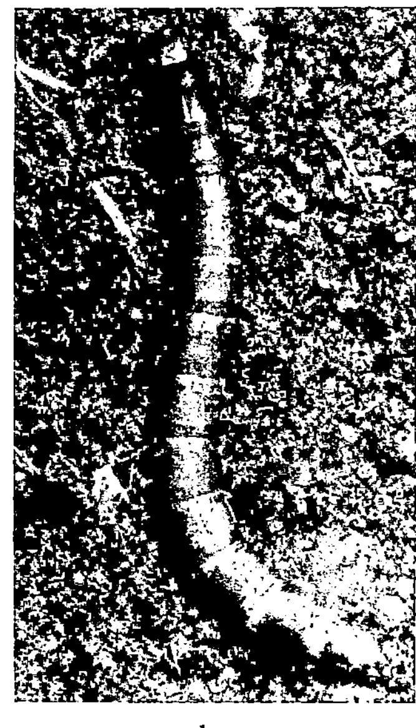

11 a u. b. Insektenlarven: a Junge Larve von *Bibio marci* (= Märzmücke) (nach A. Brauns 1954); b „Drahtwurm" (Larve eines Schnellkäfers)

folgenden Kapitel noch sehen, daß auch solche „Oberflächenbewohner" echte Bodentiere sind, ja daß sie sogar eine ganz besondere Bedeutung für den Stoffkreislauf des Bodens haben.

Unter den *Spinnentieren* gibt es zahlreiche Bodenbewohner. Hier stoßen wir auch auf Gruppen, die es bei uns nicht gibt; das sind die *Skorpione* und *Geißelskorpione* (Pedipalpen). Zusammen mit den *Pseudo- oder Bücherskorpionen*, *Weberknechten* und *Bodenspinnen* stellen sie die Hauptmasse des räuberischen Teils der Bodentiergemeinschaft. Die meisten von ihnen leben in der obersten Bodenschicht oder unter Steinen. Unter den Spinnen gibt es aber auch einige Familien mit winzigen Vertretern, die zu den ganz echten Bodenbewohnern zählen.

Auch der überwiegende Teil der *Milben* lebt im Boden. Vor allem die Gruppe der pflanzenfressenden Oribatiden *(Moos- oder Hornmilben)* fehlt in keinem Humusboden.

Das gleiche kann man von der bodenzoologisch wichtigsten *Urinsekten*-Gruppe der *Springschwänze* (= Collembolen) sagen. Sie sind neben den Moos- oder Hornmilben (Oribatiden) die wichtigsten Humuslieferanten. Auch wegen der hübschen Lebensformenreihe, die sie bilden, werden sie uns noch beschäftigen.

Das übrige Heer der *Insekten* zählt insofern großenteils zur Bodenfauna, als viele Arten wenigstens während ihrer Larvenzeit Bodenbewohner sind. Das gilt für die meisten Käfer und Zikaden, für viele Fliegen, Mücken und Wanzen und für nicht wenige Schmetterlinge. Es gibt aber auch nicht wenige im Boden lebende Imagines (Vollkerfe), so z. B. manche Rüsselkäfer oder die Maulwurfsgrillen.

Die *Tausendfüßer* sind ausnahmslos Bodentiere; nur

a

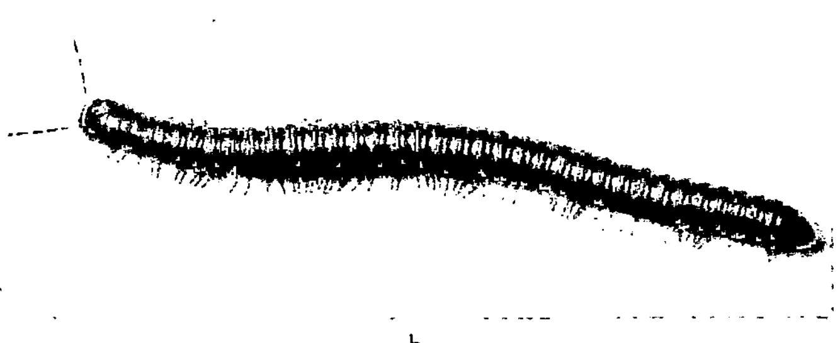

b

Abb. 12a u. b. Bodenbewohnende Tausendfüßer: a *Geophilus*(Räuber); b *Julide* (Pflanzenfresser)

wenige von ihnen verlassen den Boden, wenn sie den Algenbewuchs an Baumstämmen abweiden oder Jagd auf nicht bodenbewohnende Beutetiere machen.

Unter den *Wirbeltieren* schließlich gibt es nur einzelne echte
Bodenbewohner. Sie sind alle so groß, daß sie zu den eingangs
erwähnten aktiv grabenden Formen gehören (Maulwürfe, Mulle,
Wühlmäuse, Gymnophionen (= Blindwühlen), Skinks usw.).

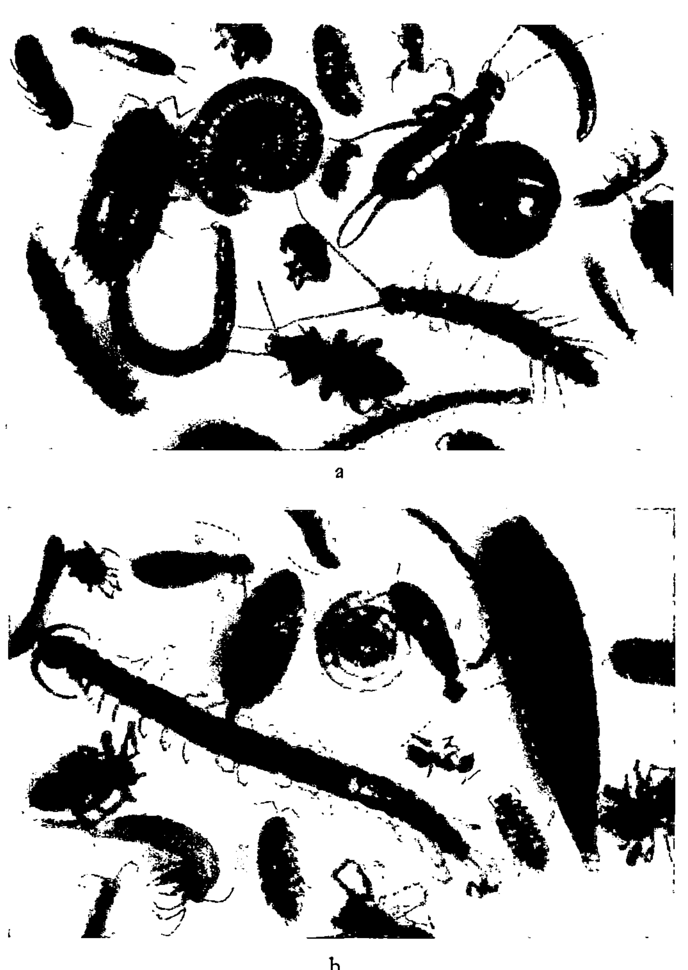

Abb. 13a u. b. Typische Bodentierproben aus einheimischen Humusböden
(nur größere Tiere); (nach W. KÜHNELT 1950). a Aus der Laubstreu eines
Buchenwaldes im Wiener Wald; b Aus der Laubstreu eines Eichen-Hain-
buchenwaldes im Wiener Wald

Eine eigene Betrachtung verdienen die *Boden-Einzeller (Proto-zoen)*. Sie leben ausschließlich im Wasserfilm, der alle Bodenräume auskleidet. Insofern sind sie eigentlich Wassertiere geblieben. Trotzdem gibt es einige Formen unter ihnen, die bevorzugt in diesem Bodenwasser vorkommen. Auch sie sind also zu den „echten" Bodentieren zu zählen.

Die systematische Zugehörigkeit der wichtigsten Bodentiere:

(vergleiche hierzu Abb. 13a u. b, die verschiedene Tiere aus einheimischen Böden zeigt!)

1. Einzeller: Amöben, nackte und beschalte Arten
   (Protozoen)   Geißeltierchen
                    Wimpertierchen
2. Würmer: Landplanarien (Strudelwürmer)
                    Rädertierchen
                    Fadenwürmer (Nematoden)
                    Oligochaete Ringelwürmer (Regenwürmer, Enchyträen)
3. Bärtierchen
   (Tardigraden)
4. Onychophoren
   (Peripatiden)
5. Mollusken: Landschnecken (mit und ohne Schale)
6. Gliederfüßer: Krebse: terrestrische Copepoden (Ruderfußkrebse)
   (Arthropoden)   Isopoden (Asseln)
                    Spinnentiere: Skorpione
                                  Geißelskorpione
                                  Pseudoskorpione
                                  Brettkanker
                                  Bodenspinnen
                                  Milben
                    Tausendfüßer: Pauropoden
                                  Symphylen
                                  Diplopoden: Schnurasseln, Saftkugler,
                                              Pinselfüßer
                                  Chilopoden: Geophiliden, Steinkriecher,
                                              Skolopender
                    Insekten: Urinsekten: Proturen, Springschwänze,
                                               Japygiden, Campodeiden, Fel-
                                               senspringer, Silberfischchen
                                  Geflügelte: Larven sehr vieler Arten und
                                               verschiedene erwachsene For-
                                               men wie Ohrwürmer, Grillen,
                                               Käfer, Wanzen, Schaben usw.
7. Wirbeltiere: Amphibien: Gymnophionen (tropische fußlose Blind-
                                  wühlen)
                    Reptilien: Amphisbaeniden (wurmähnliche Echsen),
                                  Skinke, Blindschlangen
                    Säuger: Beutelmulle, Maulwürfe, Spitzmäuse, Mulle,
                                  Wühlmäuse, Gürteltiere.

3. Charakteristik der Bodentiere

Die systematische Übersicht über die Bodenfauna läßt wenig Gemeinsames erkennen. Wir möchten aber doch gern wissen, was „das Typische" an den „echten" Bodentieren sei. Um das zu erfahren, müssen wir mehr ökologisch vorgehen. Das heißt, wir müssen die Bodenfauna weniger tiersystematisch als vielmehr nach ihrer engeren Lebensstätte gliedern.

Da ergeben sich fünf charakteristische Gruppen:

1. die großen, aktiv bohrenden und grabenden Formen, die gleichsam beliebig im Boden auf- und absteigen können,

2. die recht vielgestaltigen mittelgroßen Oberflächen- und Streubewohner und die Tierwelt unter locker liegenden Steinen,

3. die kleinen Formen der lockeren oberen und mittleren Bodenschichten (das „Hemiedaphon"[1]),

4. die kleinen und sehr kleinen Tiefenbewohner (das „Euedaphon"[2]),

5. die mikroskopisch kleinen Bewohner des unsichtbaren Wasserhäutchens und feuchter Substrate.

Im engsten Sinne des Wortes sind nur die Angehörigen der Gruppe 4 „echte" Bodentiere. Ihnen sieht man ihre Herkunft sofort an; sie verkörpern also den Lebensformtyp eines Bodentieres am klarsten: Sie sind blind und pigmentlos. Im Dunkeln könnten sie mit Augen sowieso nichts anfangen, und Hautfarbstoffe brauchen sie weder zum Schutz gegen die Sonnenstrahlen noch als Kennzeichnungs- und Schmuckmittel, da sie sich gegenseitig nicht sehen. Ihr Haarkleid ist meist schütter, sie haben kurze Extremitäten und in der Regel hochentwickelte Tast- und Geruchs-Sinnesorgane. Selten sind sie mehr als 2 mm groß. Die ganz kleinen Formen sind meist kugelig gedrungen, die größeren langgestreckt und wurmartig beweglich.

Das sogenannte Hemiedaphon, die Angehörigen der Gruppe 3 also haben meist schwach entwickelte Augen, fast alle sind schwach pigmentiert, viele sind stärker gepanzert und oft zum Einrollen oder Einkugeln befähigt. Manche können auch springen.

---

[1] Von griechisch hemi = halb und édaphos = Boden, Erdboden.
[2] Von griechisch eu = wohl, echt und édaphos = Boden, Erdboden.

Am schönsten läßt sich die ökologische Lebensformenreihe der Bodentiere am Beispiel der Springschwänze (Collembolen) demonstrieren. Ihre Vertreter bewohnen die verschiedensten Bodenschichten und Kleinlebensräume und zeigen alle entsprechenden Anpassungen. Hierzu vgl. Abb. 14.

Ein anderes reizvolles Einteilungsprinzip liefert die Frage nach den Ernährungstypen der Bodenbewohner. Da gibt es die beiden

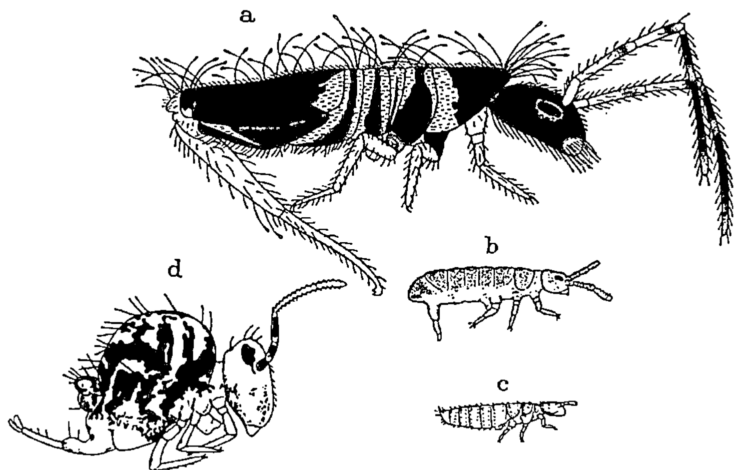

Abb. 14a—d. Die Lebensformen der Springschwänze: a Oberflächenbewohner (*Entomobrya*); b Bewohner der obersten Bodenschichten (*Proisotoma*); c Bewohner der unteren Bodenschichten (*Tullbergia*); d Kugelspringer, Bewohner der Krautschicht

Gruppen der Vegetarier und Fleischfresser, die man schon ihrem Aussehen und Gehaben nach unterscheiden kann: Die Vegetarier sind stets behäbig-langsame, oft gedrungene Gestalten mit schwach entwickelten Sinnesorganen, die Räuber hingegen sind flink-beweglich und haben meist gute Sinnesorgane und besondere Fangwerkzeuge. Solche Unterschiede zeigen uns die zwei Tausendfüßer-Gruppen der Diplopoden und Chilopoden oder die beiden Urinsekten-Ordnungen der Collembolen (Springschwänze) und Dipluren (Japygiden) besonders deutlich (vgl. Abb. 10).

Im einzelnen lassen sich natürlich viele Nahrungsspezialisten unterscheiden, so etwa 1. die Pflanzenfresser im engeren Sinne (= Phytophagen), die lebende Pflanzenteile verzehren; 2. die

Saprophagen, die von totem Pflanzenmaterial leben; 3. die Pilz-
fresser; 4. die Algenfresser; 5. die Bakterienfresser; 6. die Räuber;
7. die Parasiten; 8. die Koprophagen (= Kotfresser); 9. die
Nekrophagen, die Tierleichen verzehren; 10. die Detritusfresser.
Bei den höheren Insekten gilt eine solche Einteilung nur bedingt;
denn sie leben vielfach nur als Larven im Boden, wobei sie oft
auf eine völlig andere Nahrung spezialisiert sind denn als Imagines
(= geschlechtsreife Stadien). Denken
wir nur an die blütenbesuchenden
Eulenschmetterlinge, deren Erdraupen an Gras- oder Gemüsewurzeln
fressen.

Als ein Beispiel dafür, wie viel-
gestaltig die Ernährungstypen der
Bodenbewohner in einer einzigen
Tiergruppe sein können, die sonst
durch große körperliche Einförmigkeit gekennzeichnet erscheint, seien
noch die Fadenwürmer (Nematoden)
näher erwähnt. Sie haben im Normal-
fall einen engen Saugmund, mit dem
sie aus feuchten Substraten Bakterien
und Detritus (organisches Zerreibsel)
aufschlucken. Viele von ihnen sind

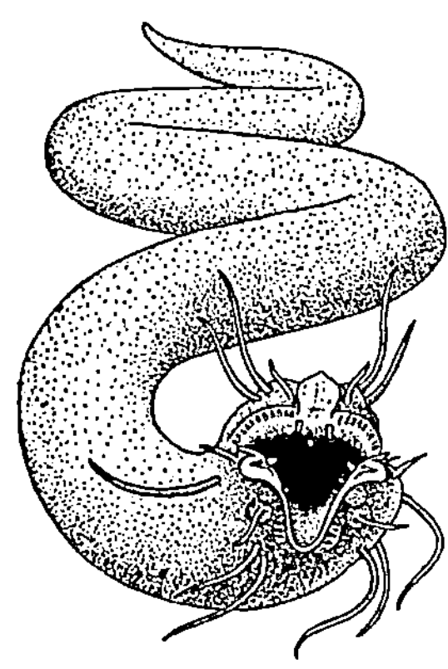

Abb. 15. Der räuberische Erd-
nematode (Fadenwurm) *Diplo-
scapter* (nach W. Kühnelt
1950)

auch Halb-Parasiten, indem sie mit einem besonderen Mundstilett
Pflanzenwurzeln, Algen oder Pilze anstechen und daran saugen,
ohne ihre „Wirte" ernstlich zu schädigen. Manche freilich sind zu
bösen Pflanzenschädlingen geworden. Wieder andere Arten besitzen
winzige Zähne oder Reibplatten im Schlund, mit denen sie Bakterien zerkleinern. Schließlich gibt es richtige Räuber unter ihnen,
die mit großen Schlundzähnen ausgestattet sind und andere kleine
Würmer, Räder- oder Bärtierchen überfallen, anbeißen und ver-
schlingen (vgl. Abb. 15).

II. Die produktionsbiologische Bedeutung der Bodenfauna

Seitdem die dichte Tierbevölkerung des Erdbodens bekannt ist, gibt es auch die Frage, was sie für eine Bedeutung für dessen Entwicklung und Stoffkreislauf habe. Es ist von vornherein klar, daß das wimmelnde Leben im Boden nicht ohne Einfluß auf seinen Lebensraum bleiben kann. Wir haben die Spuren der tierischen Tätigkeit dort in dreierlei Richtung zu suchen:

1. in Gestalt von Wohnbauten, Gängen, Straßen,
2. als Fraßspuren,
3. in Form von Exkrementen, Abfällen und Kadavern.

Zu den unter 1—3 genannten Lebensspuren der Bodentiere kann noch ein 4. wichtiger „Neben"-Effekt hinzukommen: der Materialtransport.

1. Darwin und die Regenwürmer

Am besten läßt sich das Gesagte am „klassischen" Beispiel der Regenwürmer verdeutlichen. Daß sie ein eminent wichtiges Glied im Stoffkreislauf der Natur sind, weiß heute jeder. Nicht alle aber wissen auch, daß dieser Teil unserer naturwissenschaftlichen Allgemeinbildung in der Hauptsache auf CHARLES DARWIN zurückgeht. Er hat als erster klar herausgestellt, daß die Regenwürmer 1. durch ihre pausenlose Grabtätigkeit den Boden lockern und durchlüften helfen und daß sie ihn 2. durchmischen, indem sie a) Pflanzenteile (vor allem abgefallene Blätter) einziehen, b) diese zusammen mit Mineralteilen fressen und verdauen und c) die so entstehenden Mischexkremente (sogenannte Tonhumuskomplexe) wieder in ihren Gängen und an der Bodenoberfläche absetzen. Die Siedlungsdichte der Regenwürmer in den verschiedenen Böden war schon DARWIN bekannt, so daß er bereits Angaben über ihre quantitativen Leistungen machen konnte. Er fand (1881) in Weideböden Englands 67 250 Würmer pro Hektar. Nach neueren Untersuchungen (GUILD 1951) beträgt die Individuendichte in schottischen Wiesen 250 000 bis 480 000 pro Hektar.

KOLLMANNSPERGER (1934) gibt für verschiedene Böden folgende Zahlen an (nach KÜHNELT 1950):

Biotop	Anzahl pro Quadratmeter	Gewicht pro Quadratmeter in Gramm
Gartenland	zirka 390	72
Wiesen und Weiden . .	8—293	20—80
Ackerland	70—112	19—53
Forste und Holzungen .	44— 74	16—28
Ödland	7— 11	0,3—0,4

DARWIN beobachtete, daß eine an der Bodenoberfläche gleichmäßig verteilte rote Sandschicht in 7 Jahren im wesentlichen von den Regenwürmern 5 cm hoch mit Erde überdeckt wurde. Eine Mergelschicht war nach 28 Jahren 25—28 cm in die Tiefe „gesunken".

Genauere Messungen machten STÖCKLI 1928 und KOLLMANNSPERGER 1934. Vgl. Tabelle 1 aus KÜHNELT 1950. Die erstaunlichen Leistungen der Regenwürmer werden nicht zuletzt dadurch verständlich, daß sie ein relativ hohes Alter (bis 10 Jahre!) erreichen können.

Tabelle 1. *Exkrementproduktion der Regenwürmer unter verschiedenen Klimabedingungen im Verlauf eines Jahres*

Monate	Regenwurmexkremente in g/m² Boden Zürich-Umgebung (Boden lehmig) (STÖCKLI)							Bellinchen (Klima viel trockener) (KOLLMANNSPERGER) Steppenheide (schattenlos)
	Garten-erde	Dauer-wiese[1]	Wald-wiese[1]	Obst-garten	Golf-wiese (immer feucht)	Misch-wald	Fichten-wald	
I	—	—	—	—	—	—	—	—
II	—	—	—	—	—	—	—	—
III	6	135	200	180	140	49	20	4
IV	10	486	1370	530	1000	545	170	46
V	—	937	1400	390	725	469	460	36
VI	—	917	1000	380	1235	309	194	17
VII	—	244	260	305	689	115	63	35
VIII	171	163	400	460	702	130	120	22
IX	350	403	1265	580	1364	247	283	210
X	250	557	1030	260	1320	66	355	170
XI	100	486	384	115	643	50	328	20
XII	17	81	28	70	307	40	181	—
Gesamt-menge	904	4409	7837	3270	8125	2020	2174	560

[1] Jedes Jahr mit Jauche gedüngt.

DARWIN hat sich übrigens noch bis zu seinem Tode mit den Regenwürmern beschäftigt. Besuchern zeigte er gern ein kleines, aber eindrucksvolles Experiment über ihren Erschütterungssinn. Er hatte auf seinem Klavier eine ganze Reihe von Blumentöpfen stehen, in denen sich je ein Regenwurm befand. Am Abend kamen sie heraus, um sich Blätter zu holen. Wenn er nun bestimmte niedere Töne anschlug, zogen sie sich blitzschnell in ihre Röhren zurück; auf andere Töne hingegen reagierten sie überhaupt nicht. Wie fein der Erschütterungssinn der Regenwürmer ist, weiß jeder, der etwa nach einem Regen mit offenen Augen über eine Wiese ging.

Nun, DARWIN war zwar auch als Bodenzoologe seiner Zeit weit voraus, aber er kannte die Fülle der übrigen Bodentiere noch nicht. Nach ihm sollte es noch lange dauern, bis die Bodenkundler wieder auf die Zoologie in ihrem Bereich aufmerksam wurden. Zunächst nämlich entdeckten die Bakteriologen, daß es im Boden verschiedene stickstoffbindende Bakterien gibt, und damit galt lange Zeit das letzte Glied der Kausalkette des Bodenstoffwechsels aufgedeckt. Nach der allgemeinen Formel:

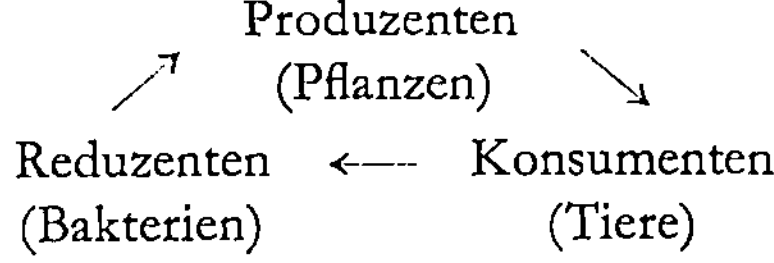

schien ja auch alles ganz klar zu sein: Die Pflanzen erzeugen die organische Substanz, die Tiere fressen und verdauen sie, und die Bakterien reduzieren die tierischen Exkremente und Reste auf die für die Pflanzen nötigen einfachen Ausgangsstoffe zurück.

Aber es blieb doch ein ungelöstes Problem, der *Humus* nämlich und seine Entstehung.

2. Was ist Humus, und wie entsteht er?

Die eben skizzierte Rechnung geht offenbar nur selten auf; es bleibt ein „ungelöster" Rest, der sich oft sogar erheblich anhäufen kann. Wir brauchen nur an einen Nadelwald und seinen Boden zu denken: Da sind die abgefallenen Nadeln und Holzteile oft mehrere Dezimeter hoch angehäuft. Wir nennen das „Rohhumus".

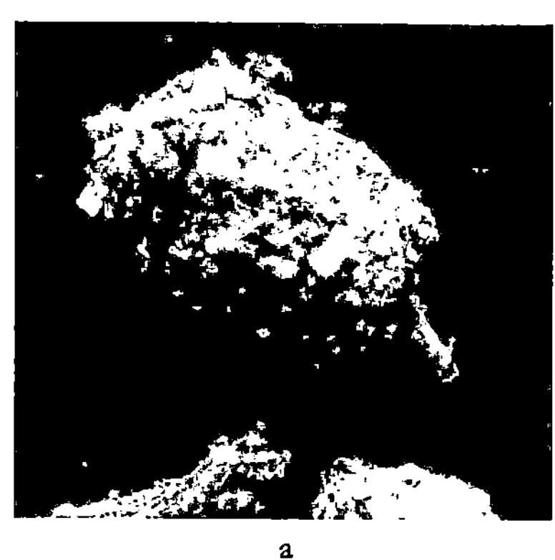

a

b

Abb. 16a u. b. Exkrementformen (Losungen) verschiedener Bodentiere: a vom Saftkugler *Glomeris* (Tausendfüßer); b von einer Assel (Isopode)

Auch im Laubwald gibt es solche meist stark verpilzte „F-Schichten" (so werden die Rohhumuslagen in der Bodenkunde genannt; vgl. S. 34). Darunter kommt dann erst der eigentliche „Humus", eine schwarze, krümelige Masse. Betrachtet man sie durchs Mikroskop, so sind viele der dunklen Krümel sehr symmetrisch geformt, oft zylindrisch rund, oval oder gar barrenförmig. Auch in der Größe variieren sie sehr. In mikroskopischen Bodenschliffen zeigt sich ferner, daß sie in der Hauptsache aus mehr minder stark zersetzten Pflanzenteilen bestehen; einigen erscheinen auch mineralische Elemente beigemengt.

Nun, wir wissen heute, daß diese geformten Humusteile Exkremente von Bodenkleintieren sind. Viele von ihnen kann man sogar schon nach ihrer Form exakt bestimmen (vgl. Abb. 16). Der Abbau des pflanzlichen Abfalls führt also im Boden nur selten gleich bis zu den Reduzenten hin, sondern er erfährt im sogenannten Humifizierungsprozeß sozusagen eine Verzögerung, die offenbar dadurch bedingt ist, daß jene geformten Losungen der Bodentiere schwerer zersetzbar sind. Die Humusbildung ist somit wenigstens zum Teil ein zoogener, d. h. durch tierische Tätigkeit bedingter Prozeß.

Die Chemiker können freilich auch heute noch nicht genau sagen, was „Humus" ist. Fest steht nur, daß er kein chemisch einheitlicher Stoff ist, sondern ein Stoffgemisch, in dem vor allem der Holzfaserstoff Lignin angereichert ist, was auf dessen besondere Unverdaulichkeit und schwere Zersetzbarkeit zurückzuführen ist. Aber gleichviel, ob Bakterien die organischen Abfälle direkt „zersetzen" oder ob diese erst von Tieren gefressen und „verdaut" wurden, immer bleibt eine solche Masse zurück, die sich zunehmend dunkel färbt und die speziell im zweiten Falle krümelig „strukturiert" erscheint. Die Krümelstruktur des Humus ist auf jeden Fall als eine besondere Leistung der Bodenkleintiere anzusehen. Wie wichtig sie für die Bodenfruchtbarkeit ist, braucht ja nicht erst betont zu werden.

Bakterien und Tiere bauen also die organischen Materialien, insbesondere die pflanzlichen Abfälle im Boden gemeinsam ab, wobei sie folgendermaßen eng zusammenarbeiten:

1. die meisten Bodentiere fressen nur solche Pflanzenteile, die durch Bakterien bereits „zersetzt" sind (was ja bei genügender Feuchtigkeit schnell der Fall ist);

2. im Darm der Bodentiere entwickeln sich die Bakterien weiter, so daß deren Kot nicht selten viel bakterienreicher ist als die aufgenommene Nahrung; das ist z. B. für die Regenwürmer nachgewiesen: Nach HEYMONS (1923) enthält 1 g trockener Kleeackerboden 11 000 000 Bakterien, 1 g trockener Regenwurmdarminhalt 10 000 000 und 1 g trockener Regenwurmkot 52 000 000;

3. die relativ groben Losungspartikel der meist größeren „Erstzersetzer" werden dann von den kleineren und kleinsten Bodentieren erneut und wiederholt gefressen, so daß die Humuskrümel immer feinkörniger werden;

4. schließlich fressen die Regenwürmer und die ihnen verwandten Enchyträen die mehr minder weit zersetzten organischen „Boden"teile zusammen mit mineralischen nochmals und bilden so in ihrem Darm eine besonders innige Vermengung und Verbindung beider, die wir als „Tonhumuskomplexe" bezeichnen und von denen wir wissen, daß sie für das Pflanzenwachstum von größter Bedeutung sind.

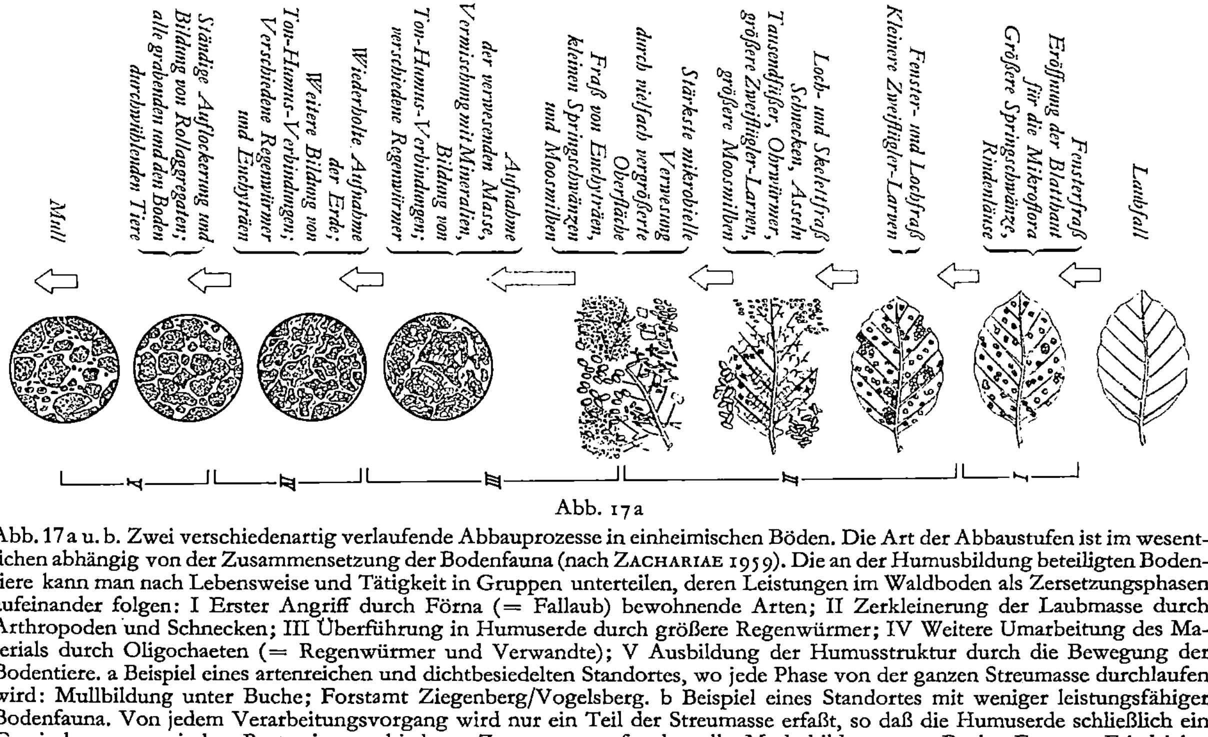

Abb. 17a

Abb. 17a u. b. Zwei verschiedenartig verlaufende Abbauprozesse in einheimischen Böden. Die Art der Abbaustufen ist im wesentlichen abhängig von der Zusammensetzung der Bodenfauna (nach ZACHARIAE 1959). Die an der Humusbildung beteiligten Bodentiere kann man nach Lebensweise und Tätigkeit in Gruppen unterteilen, deren Leistungen im Waldboden als Zersetzungsphasen aufeinander folgen: I Erster Angriff durch Förna (= Fallaub) bewohnende Arten; II Zerkleinerung der Laubmasse durch Arthropoden und Schnecken; III Überführung in Humuserde durch größere Regenwürmer; IV Weitere Umarbeitung des Materials durch Oligochaeten (= Regenwürmer und Verwandte); V Ausbildung der Humusstruktur durch die Bewegung der Bodentiere. a Beispiel eines artenreichen und dichtbesiedelten Standortes, wo jede Phase von der ganzen Streumasse durchlaufen wird: Mullbildung unter Buche; Forstamt Ziegenberg/Vogelsberg. b Beispiel eines Standortes mit weniger leistungsfähiger Bodenfauna. Von jedem Verarbeitungsvorgang wird nur ein Teil der Streumasse erfaßt, so daß die Humuserde schließlich ein Gemisch von organischen Resten in verschiedenen Zersetzungsstufen darstellt: Moderbildung unter Buche; Forstamt Friedrichsruh/Sachsenwald.

Im typischen Falle ist also die Humusbildung kein einmaliger
und kein einheitlicher Vorgang, sondern verläuft stufenweise. Je

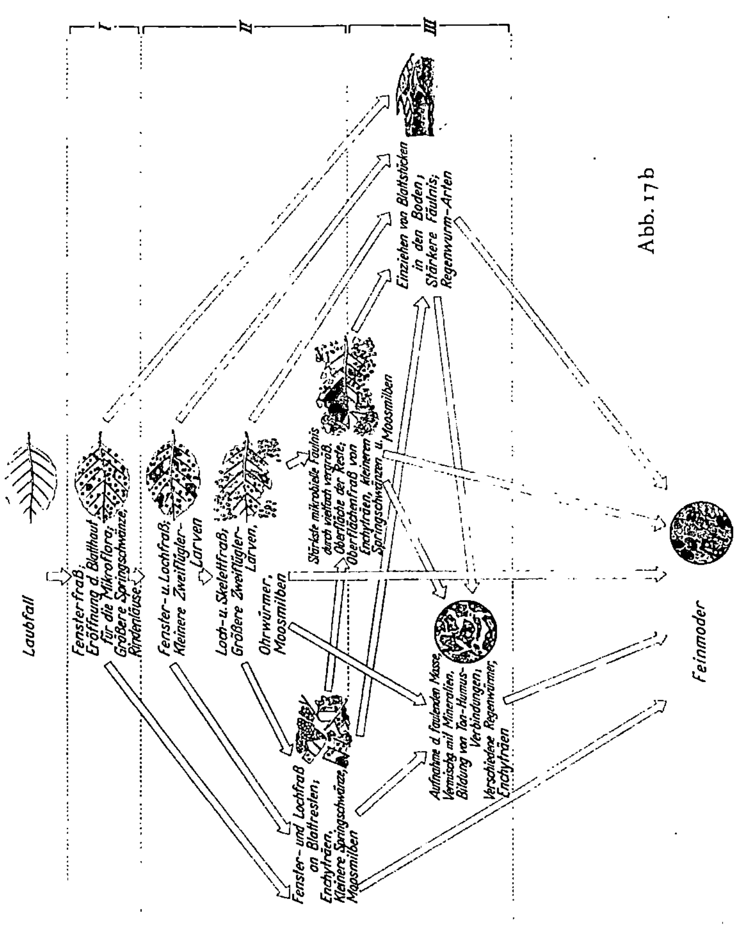

nach den klimatischen, pflanzensoziologischen und bodenkund-
lichen Bedingungen wird dieser Prozeß auch sehr verschieden
verlaufen und enden, woraus sich ja die bereits oben erwähnte
Uneinheitlichkeit der verschiedenen Humussorten ergibt. Vgl.
Abb. 17a u. b.

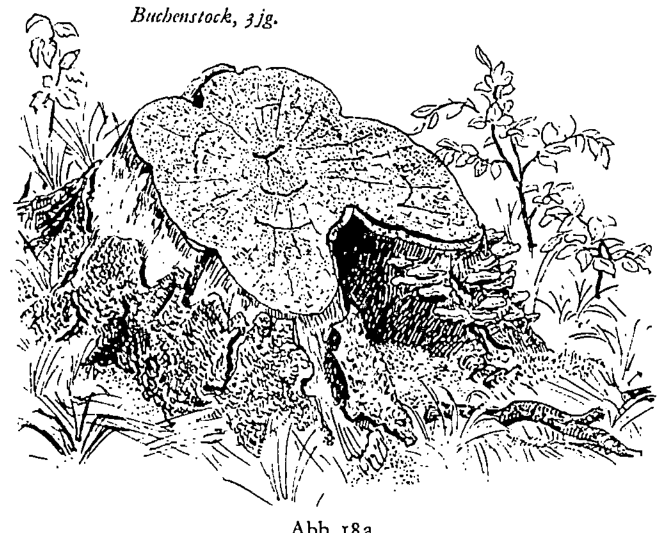

Abb. 18a

Abb. 18a—d. Abbau von Buchenstrünken (nach A. BRAUNS 1954). (Bisher unveröffentlichte Umzeichnungen von Originalaufnahmen)

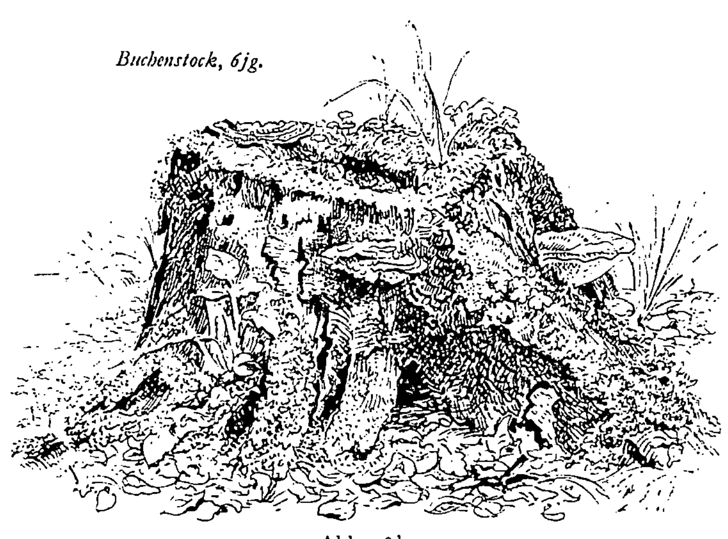

Abb. 18b

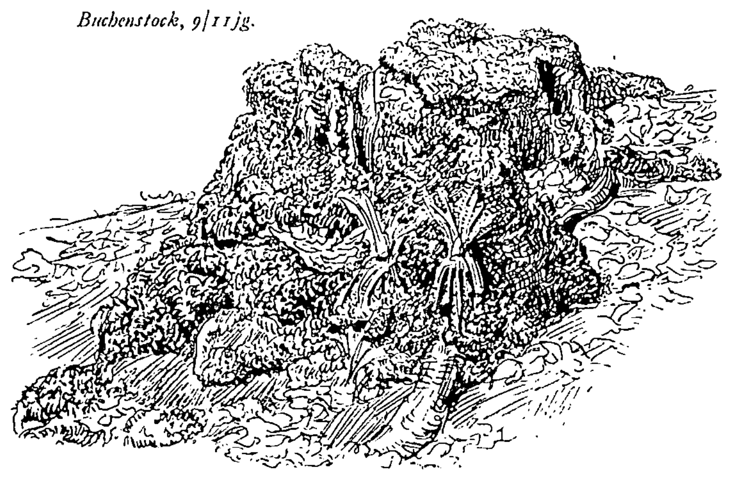

Abb. 18c

Abb. 18d

In unserem Zusammenhang aber ist es wesentlich, daß die Bodentiere in dieser Abbaukette eine entscheidende Rolle spielen. Man sieht das am besten dort, wo die Bodenfauna fehlt oder wo sie nicht genügend zur Geltung kommt, wie z. B. in zu trockenen oder zu nassen Böden. Da entstehen dicke Lagen von teils gar nicht, teils nur halb zersetzten „Abfällen". Dieser Rohhumus ist meist sauer und besonders stark mit Pilzen durchwachsen. Zwischen den Bodenpilzen und Bodentieren besteht überhaupt oft eine Art von Konkurrenz. Wo die ersteren überhand nehmen, treten die Tiere zurück, der Humifizierungsprozeß verläuft langsam, so daß der jährliche Pflanzenabfall nicht mehr aufgearbeitet wird. Das ist auch dort der Fall, wo die pflanzliche Ausgangssubstanz für die Tiere zu ungünstige ernährungsbiologische Eigenschaften hat, wie z. B. in Nadel- oder Eichenwäldern. Besonders zwei dieser Eigenschaften sind entscheidend: 1. das Verhältnis zwischen dem Kohlenstoff- und Stickstoffgehalt des Ausgangsmaterials, 2. dessen Gehalt an Harzen und Gerbstoffen. Sie bestimmen die Zersetzungsgeschwindigkeit, die sehr verschieden ist, wie Tabelle 2 (nach WITTICH 1943, aus KÜHNELT 1950) zeigt:

Tabelle 2

Baumart	Dauer der Zersetzung	C:N Verhältnis des Laubes
Schwarzerle	1 Jahr	15:1
Esche	1 Jahr	21:1
Ulme	1 Jahr	28:1
Traubenkirsche	$1^1/_2$ Jahre	22:1
Hainbuche	$1^1/_2$ Jahre	23:1
Linde	2 Jahre	37:1
Ahorn	2 Jahre	52:1
Eiche	$2^1/_2$ Jahre	47:1
Birke	$2^1/_2$ Jahre	50:1
Zitterpappel	$2^1/_2$ Jahre	63:1
Fichte	3 Jahre	48:1
Buche	3 Jahre	51:1
Roteiche	3 Jahre	53:1
Kiefer	>3 Jahre	66:1
Douglastanne	>3 Jahre	77:1
Lärche	>5 Jahre	113:1

Für manche Tiere mit Kalkpanzern ist auch der Kalkgehalt der Nahrung wichtig. Das gilt vor allem für die Diplopoden unter den Tausendfüßern, die das Fallaub je nach seinem Calciumgehalt sehr verschieden rasch verarbeiten.

Die „Humifizierung" größerer Holzteile (wie Baumstämme, Baumstrünke, abgefallene Äste usw.) geht natürlich noch viel langsamer vor sich, wobei die Standortverhältnisse den Ausschlag geben. Je nach den Feuchtigkeitsbedingungen kann die Holzzersetzung sehr verschieden verlaufen. Man unterscheidet a) *trokkenen Zerfall*, der vor allem durch die Tätigkeit holzzerstörender Insekten gekennzeichnet ist, b) die *Weißfäule*, die bei zu großer Feuchtigkeit auftritt und in einer starken Pilzentwicklung endet, c) die *Rotfäule*, die ebenfalls an zu nassen Standorten auftritt, für die aber mehr eine anaerobe (= unter Luftabschluß stattfindende) Massenentwicklung von Bakterien und Nematoden (Fadenwürmern) typisch ist. In unserem Klimabereich dauert es etwa 12—15 Jahre, bis ein Baumstrunk „humifiziert" ist. In allen Fällen ist die qualitative produktionsbiologische Bedeutung der Bodenfauna unverkennbar. Die Art der Tiere, die an den Abbauprozessen beteiligt sind, und das Ausmaß ihrer Beteiligung bestimmen auch die Beschaffenheit der entstehenden „Produkte" wesentlich mit, der Humusstoffe also, die sie erzeugen helfen, transportieren, um- und ablagern. Gerade in trockeneren Böden sind die Bodentiere der ausschlaggebende produktionsbiologische Faktor; denn dort bieten sie in ihren Darmkanälen die notwendige Feuchtigkeit für die Mikroorganismen auch dann noch, wenn diese im Boden selbst schon nicht mehr aktiv sein können. Außerdem schaffen sie durch die mechanische Zerkleinerung des organischen Substrates in ihren Exkrementen vielfach erst die geeigneten Bedingungen für deren weitere abbauende und reduzierende Tätigkeit. Eine der wichtigsten Voraussetzungen für alle Stoffwechselprozesse ist ja die Vergrößerung der Oberflächen.

3. Der Massenanteil der Bodenfauna an der Humusbildung

Über die qualitative produktionsbiologische Bedeutung der Bodenfauna besteht also kein Zweifel. Schwer hingegen ist es, sie auch quantitativ zu bestimmen, weil zuviele Faktoren zu berücksichtigen sind:

1. die wahre Zahl der Bodentiere in einem bestimmten Bodentyp,

2. ihre Entwicklungsgeschwindigkeit und Lebensdauer (Massenwechsel),

3. ihre relative Größe und absolute Masse,

4. ihre Stoffwechselaktivität (Nahrungsbedarf, Verdauungsdauer, Art und Stärke des Stoffabbaues im Darm, Menge der Exkremente),

5. das örtliche Klima und sein verschiedener Einfluß auf die verschiedenen Stoffwechseltypen der Bodentiere,

6. das wechselnde Verhältnis zwischen Pflanzenfressern und Räubern,

7. eventuelle Wanderungen.

Es liegt auf der Hand, daß wir heute noch weit davon entfernt sind, diese und andere Faktoren so bestimmen zu können, daß wir auch nur annähernd exakte Aussagen über den zoogenen (tierischen) Anteil der Humusbildung machen könnten. Trotzdem läßt sich mit einiger Vorsicht folgendes sagen:

In unseren natürlichen Wald- und Wiesenböden ist die Zahl der erfaßbaren Bodentiere sehr groß, wie die Tabellen 3, 4 u. 5

Tabelle 3. *Durchschnittliche Individuenzahlen in natürlichen Wald- und Wiesenböden* (nach GISIN 1948)

	Individuen pro Kubikdezimeter
Einzeller (Amöben, Flagellaten, Ciliaten)	1 000 000 000
Räder- und Bärtierchen	500
Fadenwürmer (Nematoden)	30 000
Springschwänze (Collembolen)	1 000
Milben (Acarina)	2 000
Andere Gliedertiere (kleine Spinnen, Krebse, Tausendfüßer, Insekten)	100
Enchytraeiden (Borstenwürmer)	50
Regenwürmer	2

zeigen. Schon die bloßen Individuenzahlen lassen erkennen, daß der zoogene Anteil am Stoffumsatz im Boden enorm sein muß. In den ersten Anfängen der Bodenzoologie hat man diese Zahlen einfach auf größere Flächen (z. B. auf Hektar) umgerechnet, wodurch sie natürlich besonders eindrucksvoll werden. Aber gewonnen ist damit nicht viel, solange wir nicht den spezifischen Stoffwechsel der Bodentiere im einzelnen kennen. Die Zahl der Tiere allein ist überhaupt ein unzureichendes produktionsbiologisches Maß, denn 1. sind sie sehr verschieden groß, beweglich und aktiv und 2. sind sie keineswegs gleichmäßig in den Böden

verteilt. Deswegen haben verschiedene Forscher den mühsamen
und zeitraubenden Versuch unternommen, die sogenannte
tierische Biomasse bestimmter Böden zu ermitteln, indem sie die
Tiere nicht nur zählten, sondern auch maßen und wogen.

Dabei ergab sich zunächst eine allgemeine gesetzmäßige Beziehung zwischen Siedlungsdichte und Körpergröße: Je kleiner
Bodentiere sind, desto enger wohnen sie zusammen, d. h. desto

Tabelle 4.

Gewicht und Anzahl der Bodenorganismen einer Schweizer Kulturwiese bis zu 15 cm Tiefe
(nach Angaben von STÖCKLI und KOFFMANN, aus KÜHNELT 1958)

	Gramm pro Quadratmeter	Anzahl
Bakterien, Actinomyceten, Pilzmycelien, Bodenalgen	2021,9	$1,5 \times 10^{13}$
Lumbriciden (Regenwürmer) . . .	400,0	200—300
Arthropoden (ohne die speziell genannten Gruppen), Mollusken .	79,9	1×10^4—$1,5 \times 10^4$
Protozoen	37,9	1×10^{10}—$1,5 \times 10^{10}$
Nematoden (Fadenwürmer)	5,0	$4,5 \times 10^6$—8×10^6
Enchytraeiden	1,5	$7,5 \times 10^3$—5×10^4
Milben, Collembolen, Proturen, Campodeiden	1,5	3×10^5—$4,5 \times 10^5$
Summe	2547,7	

Tabelle 5. *Wohndichte in alpinen Grünlandböden; je Quadratmeter bis 10 cm Tiefe*
(nach H. FRANZ 1941)

6 000 000 Fadenwürmer (Nematoden)
500 000 Rädertierchen (Rotatorien)
300 000 Bärtierchen (Tardigraden)
10 000 Enchyträen (kleine Regenwurmverwandte)
50 000 Milben (Acari)
50 000 Springschwänze (Collembolen)

größer ist ihre „Dominanz" und „Abundanz", also ihr relativer
Anteil an der Gesamtbevölkerung (= Dominanz) und an der In-
dividuen- oder Wohndichte (= Abundanz). Individuenzahl und
Körpergröße stehen regelmäßig in umgekehrtem Verhältnis zueinander. Bei entsprechender Anordnung der Längenmaße und
Individuenzahlen ergibt sich eine charakteristische „Zahlenpyramide" (vgl. Tabelle 7 und Abb. 19).

31

Beispiele für Berechnungsversuche der „Biomasse" der Bodenfauna bieten die Tabellen 4, 6 und 9. Auch diese Zahlenangaben
sind mit Vorsicht zu betrachten. Leider verwenden die verschiedenen Autoren unterschiedliche Maßeinheiten (Bodenvolumen
und Bodenfläche), so daß die ermittelten Werte nur schwer ver-
gleichbar sind. Andererseits läßt sich in der Praxis gar kein Ein-
heitsmaß für Bodenproben finden, weil kein Bodentyp und keine

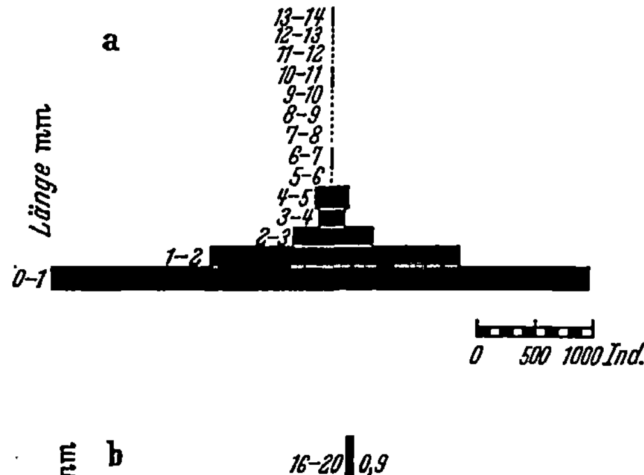

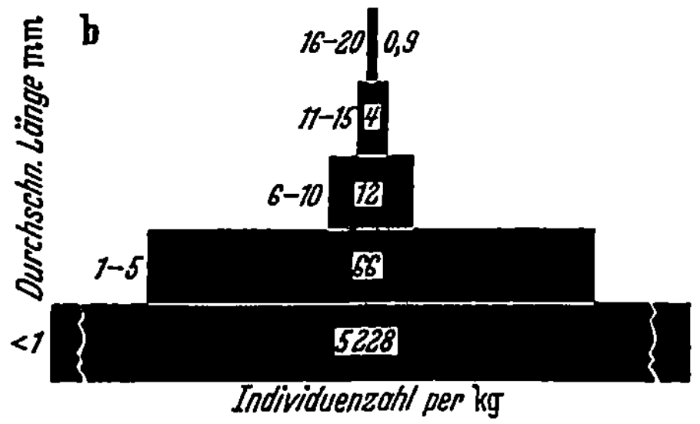

Abb. 19a u. b. Zwei typische „Zahlenpyramiden" von Bodentieren aus verschiedenen Klimazonen (näheres im Text). a Zahlenpyramide der Bodenfauna
eines Waldes in Illinois, USA (nach PARK et al. 1939, aus ALLEE et al. 1949);
b Zahlenpyramide eines Tropenwaldes aus Barro Colorado Island (nach
WILLIAMS 1941, aus ALLEE et al. 1949)

Probenstelle der anderen gleicht. Vor allem ist die verschiedene
Vertikalverteilung der Tiere in den Böden als wesentlicher Faktor
für deren produktionsbiologische Beurteilung einzukalkulieren.
Wir werden das an einem Beispiel aus den Tropen gleich noch
näher sehen.

Am besten ist es, die Individuenzahl pro Liter Boden zu bestimmen, wobei womöglich

a) die Artenzahl,

b) die Individuengröße (Masse),

c) die Vertikalverteilung im Boden

mit zu berücksichtigen ist. Es ist ja wohl ein großer produktionsbiologischer Unterschied, ob 50000 Individuen 3 oder 30 verschiedenen Arten angehören, ob sie durchschnittlich nur 0,5 oder 3 mm „groß" sind, oder ob sie eng zusammengedrängt vorwiegend in der Streuschicht oder gleichmäßig über die gesamte Bodentiefe verteilt leben. Außerdem ist natürlich die Bodenstruktur von wesentlicher Bedeutung, vor allem die Größe des sogenannten Porenvolumens, d. h. Zahl, Lage und Ausdehnung der Bodenhohlräume.

Tabelle 6. *Biomasse von Bodentieren in Gramm pro Quadratmeter: Wälder der Pfalz* (nach VOLZ, aus KÜHNELT 1958)

	Lumbriciden	Engerlinge	Nematoden	Kleinarthropoden	Thekamöben
Buchenwald:					
Summe	2,015	8,605	4,052	1,817	0,873
Fallaub	0,075		0,048	0,935	0,010
Rohhumus (1—					
2 cm mächtig) .	1,320		0,535	0,647	0,297
Mineralboden					
(bis 25 cm) . .	0,620	8,605	3,469	0,235	0,566
Eichenwald:					
Summe: . . .	28,795		15,154	2,769	0,583
Fallaub	0,432		0,062	0,182	0,032
lockere Boden-					
auflage	1,873		0,352	1,177	0,021
Mullboden (bis					
25 cm)	26,490		14,740	1,350	0,530

Tabelle 7. *„Zahlenpyramide" der Bodentiere eines Ackerbodens* (in Anlehnung an STÖCKLI 1950, aus BALOGH 1958)

Tiergruppe und durchschnittliche Individuengröße		Individuenzahl pro Kubikdezimeter
Protozen	0,01— 0,3 mm	1551000000
Nematoden.	0,3 — 1,0 mm	50000
Kleine Arthropoden . .	1,0 — 5,0 mm	370
Große Arthropoden . .	1,0 — 3,0 cm	24
Regenwürmer.	5,0 —20,0 cm	2

4. Die Bodenhorizonte

Voraussetzung für diese und andere Angaben ist eine entsprechende Methodik der Probenentnahme. Vor allem die verschiedenen Bodenhorizonte und Schichten sind sorgfältig auseinanderzuhalten. Man unterscheidet grundsätzlich drei Horizonte:

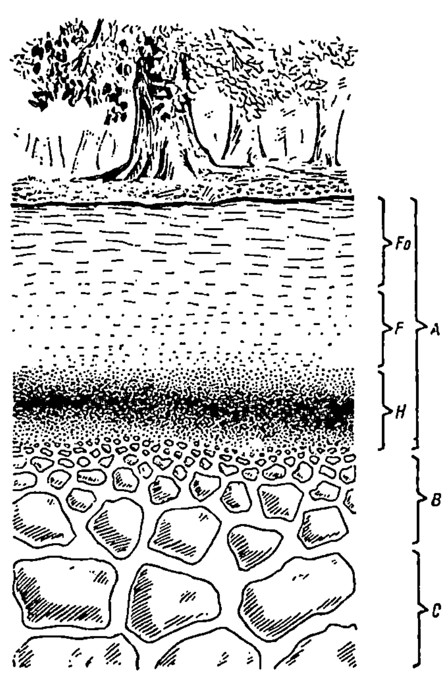

Abb. 20. Die Bodenschichten (nach Kühnelt 1950 und Balogh 1958): *A, B, C* die Horizonte; *Fö* = Förna; *F* = F-Schicht (Rohhumus); *H* = Humusschicht

A = *organogene „Auflage"*, bestehend aus:
„Förna" = Bestandesabfall (Laub, Nadeln, Äste, Moos- und Grasreste), „F-Schicht" = organisches Material in stärkerer Zersetzung (kann Rohhumus sein), „H-Schicht"=Humusschicht (abgeschlossene Zersetzung und beginnende Durchmischung mit mineralischen Bestandteilen).

B = *Verwitterungsboden*, Mineralboden mit wenigen Hohlräumen und geringem organischem Anteil.

C = *Gesteinsboden* (Steine, Sand, Ton).

Es ist klar, daß der A-Horizont bevorzugte Lebensstätte der meisten Bodentiere ist und daß dort also die entscheidenden produktionsbiologischen Prozesse ablaufen. Nur die großen Bodentiere, insbesondere viele Regenwürmer, durchbrechen regelmäßig die Horizont- und Schichtgrenzen und werden so zum wesentlichen Faktor des Materialtransports und der Stoffdurchmischung. Aber auch viele Kleintiere können (oft jahreszeitlich bedingt) in den Schichten auf und ab wandern.

Übrigens gibt es verschiedene Bodentypen, bei denen der B-Horizont (= Verwitterungsboden) fehlt (sogenannte A-C-Typen, bei denen also der „Humus" gleich auf dem Gesteinsuntergrund liegt), wie z. B. die bekannten Schwarzerden oder die sogenannten

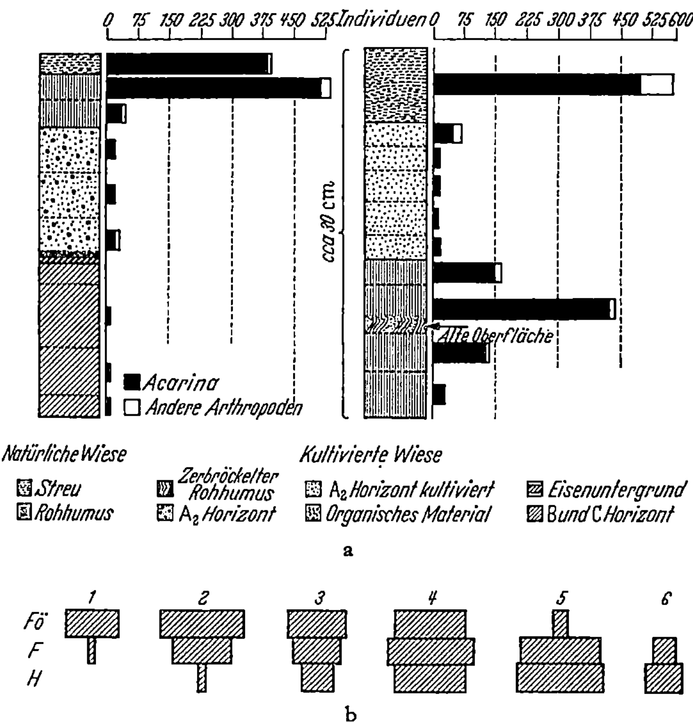

Abb. 21 a u. b. a Vertikale Verteilung der Kleintierfauna einer natürlichen und einer kultivierten Wiese in England (nach MURPHY 1953, aus BALOGH 1958). b Vertikale Verteilung einiger Milben und Springschwänze im A-Horizont (nach FORSSLUND 1943). Fö = Förna, F = F-Schicht, H = Humus-Schicht. 1. *Phthiracarus piger;* 2. *Platynothrus peltifer;* 3. *Isotoma notabilis;* 4. *Oppia translamellata;* 5. *Ceratozetes hesselmani;* 6. *Suctobelba similis*

Rendsinen, die sich oft als typische „Bodenanfangsbildungen" auf festem Untergrund finden. Unter „normalen" Klimaverhältnissen „wächst" der Boden von unten und von oben; d. h. die Verwitterung des C-Horizontes und der Zerfall und Abbau der organischen „Auflage" summieren sich. Der letztere Prozeß aber ist, wie wir schon grundsätzlich sahen, im wesentlichen ein zoogener Vorgang.

Eine besondere Frage ist es, wie die Bodenfauna auf die menschlichen Bearbeitungsmaßnahmen in Ackerböden reagiert, durch die ja deren natürliche Schichtung stark gestört wird. Grundsätzlich steht fest, daß viele eu- und hemiedaphische Arten (also vor

Tabelle 8. *Rückgang der Mesofauna*[1] *im Ackerboden* (nach TISCHLER 1955, aus BALOGH 1958)

Tiergruppe	Individuenzahl pro Quadratmeter		Verhältnis Felder:Grünland
	Felder	Grünland	
Nematoden . . .	2 000 000	10 000 000	1 : 5
Milben	30 000	180 000	1 : 6
Collembolen . .	15 000	90 000	1 : 6
Enchytraeiden .	4 000	40 000	1 : 10

Tabelle 9. *Rückgang der Individuenzahl und des Gewichtes der Regenwürmer in Kulturböden* (nach ZICSI 1957, aus BALOGH 1958)

Pflanzendecke	Regenwürmer auf 1 Quadratmeter						Regenwürmer auf 1 Hektar	
	Adulte Tiere		Juvenile Tiere		Zusammen			
	Ind.-Zahl	Gewicht g	Ind.-Zahl	Gewicht g	Ind.-Zahl	Gewicht g	Ind.-Zahl	Gewicht g
Dauerwiese	89,70	96,68	82,10	38,69	171,80	135,37	1 718 000	13,53
Luzerne .	19,25	13,22	37,95	7,96	57,20	21,18	572 000	2,11
Acker (Zuckerrübe) .	16,15	11,64	30,80	6,84	46,95	18,48	469 500	1,84

allem die kleinen, echten Bodenbewohner) durch sie stark beeinträchtigt werden. Ihre Individuenzahl beträgt im Ackerboden oft nur $^1/_5$ bis $^1/_{10}$ derjenigen des Wiesenbodens. Das zeigen die Tabellen 8 u. 9 und Abb. 22 deutlich. Andererseits zeigt die rasch ansteigende Bevölkerungsdichte eines mit CS_2 (Schwefelkohlenstoff) total vergifteten Bodens, wie schnell sich wenigstens gewisse Teile der Bodenfauna von solchen „Katastrophen" erholen können (vgl. Tab. 10).

Die im Acker durch Rodung, Monokultur und Ernte zerrissene natürliche Produktionskette läßt sich durch „Düngung" wieder schließen, und die lockernde Tätigkeit der Bodenfauna kann der Mensch mit dem Pflug ersetzen.

---

[1] mesos = mittel, mittelgroß

36

Tabelle 10. *Einfluß einer CS_2-Begiftung (400 g CS_2 pro 1 qm) am 5. 12. 1956 auf die Boden-Gliederfüßer eines pfälzischen Weinbergs* (nach W. HÜTHER 1961)

Jahr / Monat	1957											1958		Summe
	II	III	IV	V	VI	VII	VIII	IX	X	XI	XII	I	II	
Kontrollfeld, unbegiftet														
Springschwänze . . .	61	72	225	55	76	133	189	164	219	175	118	149	84	1720
Milben	103	113	118	63	192	139	191	133	186	187	123	139	123	1810
Symphylen.	4	3	1	1	1	3	6	8	6	1	2	3	4	43
Zweiflüglerlarven . .	2	1	—	2	5	—	—	—	2	1	—	—	3	16
Tausendfüßer . . .	—	—	—	—	—	—	1	2	—	—	1	—	2	6
Käfer (+ Larven) . .	—	2	—	—	—	—	6	—	1	—	1	—	—	10
Begiftetes Feld														
Springschwänze . . .	3	15	78	513	75	47	161	103	282	508	207	147	448	2499
Milben	6	1	12	38	167	107	112	52	86	152	45	35	85	898
Symphylen.	—	—	—	—	—	—	—	—	—	—	—	—	—	—
Zweiflüglerlarven . .	—	—	—	3	1	—	—	1	—	15	1	2	—	23
Tausendfüßer . . .	—	—	—	—	—	—	—	—	—	—	—	—	—	—
Käfer (+ Larven). . .	2	—	—	—	4	—	—	—	—	2	—	—	2	10

Wo die Bodentiere aber ohne Eingriff des Menschen aus irgendeinem natürlichen Grunde fehlen oder stärker zurücktreten, dort wird ihre quantitative produktionsbiologische Bedeutung sofort — sozusagen negativ — offenbar. Ich kann dafür aus eigener Anschauung ein gutes Beispiel aus den südamerikanischen Tropen anführen.

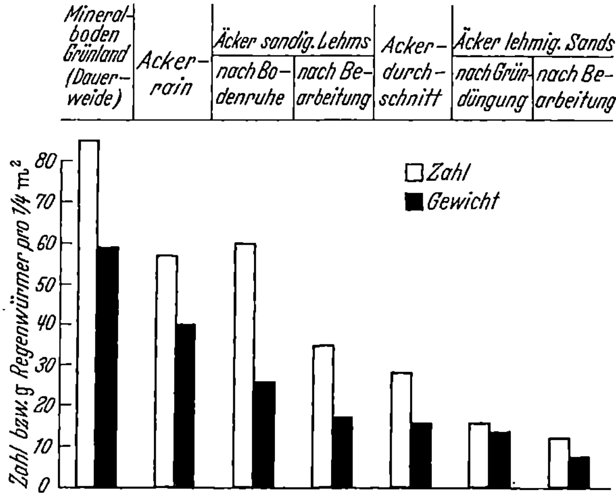

Abb. 22. Rückgang der Regenwurmbevölkerung in Äckern (aus TISCHLER 1955)

5. Tropenböden

Das Amazonasbecken ist bekanntlich von üppigen, dichten Regenwäldern bedeckt. Sie scheinen von unerschöpflicher Fruchtbarkeit zu strotzen. Aber Rodungen und Pflanzungen bringen nur kümmerliche Erträge; denn schon nach 3—4 Jahren sind sie erschöpft und müssen regelmäßig durch neue ersetzt werden. Eine geregelte intensive Landwirtschaft in unserem europäischen Sinne ist dort nicht möglich. Dieser Widerspruch zwischen dem üppigen Pflanzenleben der Urwälder einerseits und der raschen Erschöpfung „kultivierter" Parzellen andererseits erklärt sich aus den bodenbiologischen Verhältnissen. Selbst im dichtesten, mehrstöckigen Urwald findet man kaum Humus. Die H-Schicht ist bestenfalls 2—3 cm mächtig. Das regelmäßig abfallende Laub und der übrige Bestandesabfall bilden nur eine

schüttere Förna. Unter dem also maximal 5 cm mächtigen A-
Horizont folgt fast übergangslos der äußerst hohlraumarme, sehr
schwere Rotlehm (Laterit). Entsprechend ist das Tierleben verteilt. Es drängt sich in der schmalen Oberflächenzone zusammen.
Der B-Horizont ist fast tierleer; vor allem fehlen die Regenwürmer
ganz. Daß es bei der Masse des anfallenden vegetabilischen Materials und bei der schwachen tierischen Besiedlung nicht zur

Abb. 23. Typische Regenwaldrodung am oberen Amazonas

Rohhumusbildung kommt, ist lediglich eine Folge der extremen
Klimaverhältnisse. Die gleichmäßig hohe Temperatur und Luftfeuchtigkeit des Tropenwaldes begünstigt nämlich die Bakterien
und Bodenpilze derart, daß sie gleichsam der langsamer arbei-
tenden Bodenfauna zuvorkommen und ihr nur den kleineren Teil
zur Verarbeitung überlassen. Da die Mikroorganismen den Bestandesabfall nicht erst in geformte Partikel prägen, sondern ihn
gleich bis zu leichter löslichen Stoffen abbauen, kommt es nicht
zur Humusbildung und -ablagerung. Die täglichen tropischen
Regengüsse schwemmen vielmehr die lösbaren und suspensiblen
Stoffe sofort in den Boden hinein, wo sie vom flachen Wurzel-
polster des Regenwaldes gleich wieder aufgenommen werden.
Die Üppigkeit des Amazonas-Urwaldes beruht also lediglich auf

seinem stark beschleunigten Stoffkreislauf. Er hat keine Reserven. Das wird offenbar, wenn der Kreislauf irgendwo unterbrochen wird, wie bei der Rodung, die ja mit einem Schlag den gesamten

Abb. 24. Nebelwald in den Ost-Anden Perus mit den charakteristischen Baum-farnen

Pflanzenwuchs zerstört, den Teil der Lebensgemeinschaft also, der praktisch die gesamte „Biomasse" beinhaltet. Das gilt besonders im Falle der sogenannten Brandrodung, die ja auch noch das oberflächliche Bodentierleben weitgehend mit vernichtet (vgl. Abb. 23).

40

Zwei Beobachtungen bestätigen das Gesagte: 1. Mikroskopische Bodendünnschliffe zeigen, daß die organischen Bestandteile solcher tropischen Böden außerordentlich stark mit Pilzen durchsetzt sind, während der Anteil an Kleintierlosungen relativ gering bleibt. 2. Am Westrande des Amazonasbeckens, wo die Regenwälder von Berg- und Nebelwäldern abgelöst werden, finden sich auch Böden mit stärkeren Humuslagen (vgl. Abb. 24). Dort liegen die Durchschnittstemperaturen unter $+20^0$C, die bakterielle Zersetzung des Bestandesabfalles und seine „Verpilzung" verlaufen entsprechend langsamer, so daß die Bodentiere eine sichtbare Humusreserve anlegen können. Dort haben wir auch eine wohlentwickelte und reich differenzierte Bodentierwelt nachweisen können. Freilich können dort ungünstige Feuchtigkeitsverhältnisse den ganzen Umsetzungsprozeß so beeinflussen, daß weder die Mikroorganismen noch die Tiere mit dem Abfall fertig werden; dann kommt es zur Bildung und Anhäufung schwammigtorfiger Massen von sehr schlechter bodenbiologischer Beschaffenheit.

Auf jeden Fall besteht eine deutliche quantitative Beziehung zwischen der Bodenfauna, ihrer Zusammensetzung und Besiedlungsdichte einerseits und der Humusbildung andererseits; das gilt für unser gemäßigtes Klima wie für die Tropen, auch wenn wir die quantitativen Zusammenhänge noch lange nicht in allen Fällen exakt nachweisen können. Von den verschiedenen Versuchen, genauere Berechnungen anzustellen, seien hier noch einige Beispiele angeführt, wobei schon im voraus zu betonen ist, daß „Gleichungen" mit soviel Unbekannten eigentlich nicht mathematisierbar sind.

6. Berechnungsversuche

Stöckli (1950) berechnete, daß auf einem Hektar Ackerfläche jährlich rund 120000 kg tierische Exkremente produziert werden, wobei das Gewicht der Regenwurm-Kotballen etwa 90000 kg/ha betragen soll. Da diese Exkremente unter gemäßigten Klimabedingungen nicht sofort zerfallen und direkt abgebaut werden, sondern zum großen Teil sogar wieder gefressen werden, kommt es zur Speicherung bedeutender potentieller Energiemengen im

Boden. An dieser Speicherung hat die Fauna mit ihren eigenen
lebenden Körpern einen meßbaren Anteil, wie aus einer weiteren
Berechnung STÖCKLIS (1950) hervorgeht, der das Lebendgewicht
der Mikroflora und der Gesamtfauna in der oberen, 15 cm mächtigen Schicht eines normalen Ackerbodens auf etwa 25 Tonnen
pro Hektar schätzt.

Da STÖCKLI die Besiedlungsdichte mancher Tiergruppen zu
niedrig ansetzt, ist diese Zahl gewiß nicht zu hoch gegriffen. Freilich setzt sie eine entsprechend gleichmäßige Verteilung der Organismen (unbewiesen) voraus.

Eine Beurteilung der produktionsbiologischen Aktivität der
Bodentiere darf natürlich nicht allein von deren Zahl, Größe und
Gewicht (= „Biomasse") ausgehen, sondern hat zu berücksichtigen, daß die verschiedenen Arten sehr unterschiedliche Stoff-
wechselrhythmen haben. Für viele gilt aber eine feste Beziehung
zwischen Körpergröße und Nahrungsbedarf, die der Formel

$$\frac{c \; (= \text{Konsum})}{\sqrt[3]{g^2} \; (= \text{„aktive" Oberfläche})} = \text{konstant}$$

folgt; d. h. der relative Nahrungsverbrauch dieser Tiere (pro
Gewichts- und Zeiteinheit) ist um so größer, je kleiner (leichter)
sie sind; er richtet sich nicht nach dem Gewicht, sondern nach
der (äußeren plus inneren) Oberfläche, die ja bei kleinen Tieren
entsprechend größer ist. Für phytophage (pflanzenfressende) Tausendfüßer und Asseln konnte die Konstanz dieses „Konsum-
quotienten" nachgewiesen werden. Das zeigt die Tabelle 11 (nach
VAN DER DRIFT 1950, aus BALOGH 1958).

DUNGER (1958) weist aber darauf hin, daß die Konsumquo-
tienten nur artspezifische Größen seien, d. h. daß sie für jede
Tierart verschieden sind. Daß die Nahrungsmenge der Streu-
fresser von deren spezifischem „Geschmack" abhängt, sahen wir
ja bereits auf Seite 28. DUNGER teilt dazu weitere aufschluß-
reiche Beobachtungen mit. So fand er z. B., daß Tausendfüßer
(Julus scandinavius) und Asseln *(Ligidium hypnorum)* Schwarzerlen-
und Bergahornblätter gar nicht mehr. gern fressen, wenn diese
einmal scharf ausgetrocknet gewesen. waren (auch wenn er sie
wieder optimal angefeuchtet hatte).Es gibt also starke artspezifische
Unterschiede des „Konsums", unabhängig von der Größe der

Konsumenten. So zeigte DUNGER auch, daß die Juliden von überwintertem Fallaub vier- bis achtmal mehr als von frischem fressen, während die Asseln das ganze Jahr hindurch wenig aber gleichmäßig Nahrung aufnehmen.

DUNGER hat auch die WITTICHsche Zersetzungsreihe (Tabelle 2) mit den Ergebnissen seiner eigenen „Präferenz"-Versuche verglichen. (Unter „Präferenz" versteht man die relative Bevorzugung bestimmter zur Auswahl vorgelegter Nahrungsstoffe.) Er

Tabelle 11. *Zusammenhang zwischen Körpergröße und Fallaubverzehr und der „van der Driftschen Zahl" beim „Saftkugler" Glomeris marginata (Tausendfüßer)*

Durchschnittl. Gewicht der Individuen in mg (g)	Tägliche Fraßmenge in % des Körpergewichts	Fraßmenge eines Individuums in 5 Tagen (in mg lufttrockenen Materials) (c)	$\sqrt[3]{g^2}$	$\dfrac{c}{\sqrt[3]{g^2}}$
51,2	70	60,0	13,8	4,3
52,9	62	54,4	14,1	3,9
52,2	66	58,8	14,2	4,1
114,7	49	94,2	23,6	4,0
116,4	46	88,5	23,8	3,7
122,1	52	104,8	24,6	4,3
185,5	33	100,8	32,5	3,1
186,5	43	133,2	32,6	4,1
199,8	32	107,4	34,2	3,1

fand eine deutliche Übereinstimmung zwischen Zersetzungsgeschwindigkeit und Präferenz.

Demnach „schmecken" den Tausendfüßern und Asseln jene Blattsorten am besten, die sich am schnellsten (bakteriell) „zersetzen". Ähnliches gilt nicht nur für diese Gliederfüßer, sondern auch für viele andere Bodentiere, wie Regenwürmer, Enchyträen, Schnecken, Moosmilben und Springschwänze.

An dem von DUNGER untersuchten Standort (Eschen-Eichen-Mischwald) fressen die Diplopoden und Asseln jährlich etwa ein Drittel der gesamten anfallenden Laubstreu (150 g pro Quadratmeter), wobei die Tausendfüßer etwa doppelt soviel wie die Asseln leisten. An anderen Stellen, wo die jährliche Streuproduktion wesentlich größer zu sein pflegt (Auwald 300 g pro Quadratmeter, Buchenwald 500 g pro Quadratmeter; nach VOLZ 1954), ist der

Anteil dieser beiden Gruppen entsprechend kleiner. Nach Dudich, Balogh und Loksa (1952) fressen überhaupt alle größeren Bodentiere zusammengenommen jährlich nur 40% der Streu.

Es sei aber noch einmal betont, daß alle diese Zahlenangaben unverkennbar den Charakter roher Schätzungen haben; bestenfalls gelten sie annähernd für einen bestimmten Standort und für einzelne Tierarten. Die stoffliche Beschaffenheit der Nahrung (z. B. ihr Kohlenstoff-Stickstoff-Verhältnis, oder ihr Gehalt an Zellulose, Lignin, Gerbstoffen und Harzen), ihr durch Bakterienzersetzung und Feuchtigkeitseinwirkung bedingter „Gare"-Zustand, die jahreszeitlichen Schwankungen des Nahrungsbedürfnisses der Tiere, deren Entwicklungsrhythmen, die Klimaeinflüsse und vieles andere mehr sind Faktoren, die stets alle zusammen in so einer Rechnung zu berücksichtigen wären; ganz abgesehen davon, daß sich ja nicht einmal die quantitative Zusammensetzung der Bodenfauna selbst genau ermitteln läßt.

Trotzdem bedeuten diese quantitativen Beobachtungen und Berechnungen einen großen Fortschritt im Vergleich zu den Zeiten, da nur die Regenwürmer und Bakterien als wesentliche Glieder der bodenbiologischen Produktions- und Umsatzkette galten. Die „Humusforschung" ist heute zu einer biologischen Disziplin geworden, in der aber Zoologen, Botaniker, Mikrobiologen, Chemiker und Mineralogen eng zusammenarbeiten müssen, wenn sie endgültig erfahren wollen, was „Humus" ist und wie er entsteht.

III. Von den Lebensgewohnheiten, Sinnesleistungen und Verhaltensweisen der Bodentiere

Für den Biologen sind die Bodentiere nicht nur deswegen interessant, weil sie ein wichtiges Glied im Stoffkreislauf der Natur bilden, sondern auch um ihrer selbst willen. Ihm sind „Nutzen" oder „Schaden" eines Organismus keine Kriterien seiner „Wichtigkeit". Dieses Bekenntnis sei dem nun folgenden Kapitel vorausgeschickt; denn es könnte manchem Leser müßig erscheinen, sich mit den gewiß „nutzlosen" Lebensgewohnheiten jener kleinen Krabbelwelt weiter abzugeben.

Wir Zoologen werden ja sowieso gelegentlich im Scherz als Leute bezeichnet, die sich um das Seelenleben der Maikäfer bekümmerten. Nun, ich hoffe, wir werden auch in unserem Falle sehen, daß „so etwas" nicht nur überraschend reizvoll sein kann, sondern auch zu vielerlei und tiefem Nachdenken anzuregen vermag.

1. Tast- und Riechwerkzeuge

Das Leben im Boden ist ein Höhlendasein. Dem entsprechen die Sinnesorgane und Sinnesleistungen der Bodentiere. Tasten und Riechen sind ihre wesentlichsten Orientierungsmethoden. Das sieht man schon ihren Tast- und Riechwerkzeugen an, die oft auffällig groß und reich differenziert sind. Als ein Beispiel für viele seien die sogenannten pseudostigmatischen Organe der Moos- oder Hornmilben (Oribatiden) genannt. Das sind in umwallte Hautgruben beweglich eingelenkte Sinneshaare von sehr verschiedener Form und Größe, die von einem besonderen Nerven versorgt werden. Sie können gerade oder gebogen, glatt, gefiedert oder gekeult sein. Auf jeden Fall sprechen sie auf feinste Erschütterungen und Luftbewegungen an, wie man durchs Mikroskop leicht sehen kann. Nun reagieren die bodenbewohnenden Moosmilben gerade auf solche Reize besonders deutlich (indem sie sich „totstellen"), so daß der Gedanke naheliegt, in jenen Organen ihre „Erschütterungssinnesorgane" zu sehen. Aber die Zoologen waren keineswegs gleich dieser Meinung. Im Laufe der Jahre haben sie nicht weniger als fünf verschiedene Hypothesen über die Funktion der pseudostigmatischen Organe aufgestellt. Man hielt sie abwechselnd für Atmungsorgane, Geruchsorgane, Ohren, Feuchtigkeitsrezeptoren und Temperatursinnesorgane. Die erste dieser Ansichten wird ja noch heute durch den Namen „pseudostigmatisch" gekennzeichnet.

Mit bloßen Meinungen ist nun freilich eine solche Frage nach der spezifischen Funktion eines unbekannten Sinnesorganes nicht zu lösen. Da helfen nur Experimente, vor allem der Ausschaltungsversuch. F. PAULY (1956) hat in langen Versuchsreihen alle mutmaßlichen Funktionsmöglichkeiten an intakten Milben (der Gattung *Belba*) und an solchen Individuen, denen er die pseudostigmatischen Organe entfernt oder verklebt hatte, vergleichsweise

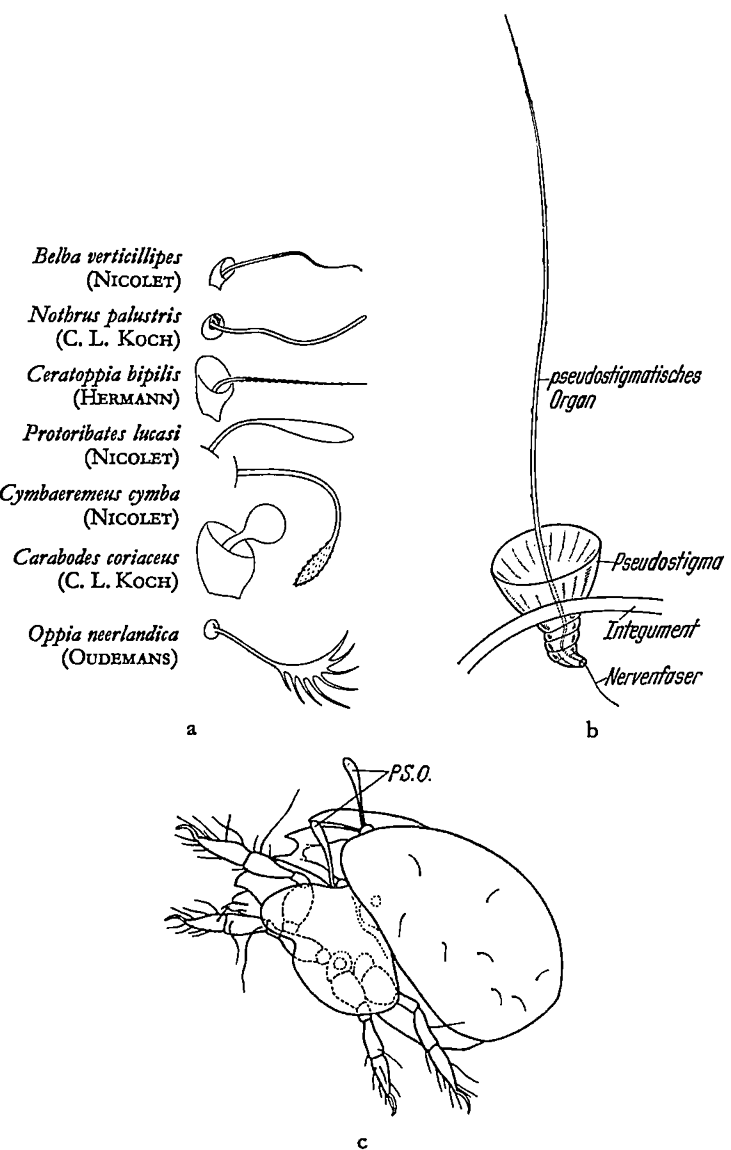

Abb. 25 a—c. a Verschiedene Formen pseudostigmatischer Organe bei Moosmilben. b Das pseudostigmatische Organ der Moosmilbe *Belba geniculosa*; Integument = Haut. c Stellung der Sinneshaare (ps. O.) am Körper der Moosmilbe *Epactozetes* (nach L. BECK)

ausprobiert und ist zu dem klaren Ergebnis gekommen, daß es
sich um Organe für die Wahrnehmung feinster Luftbewegungen
handelt. Damit stimmt
auch die Beobachtung
bestens überein, daß
nichts diese Milben mehr
stört als irgendein Wind-
hauch (was ihre Lebend-
beobachtung so sehr er-
schwert, wie jeder Fach-
mann weiß). Da in ihrem
natürlichen Lebensraum
praktisch nie der Wind
geht, erscheint auch ihr
„anemophobes" Verhal-
ten (Windscheuheit)
durchaus sinnvoll, weil es
den Tieren ja dazu ver-
hilft, in ihrem geschütz-
ten Milieu zu bleiben; sie
werden gewarnt, wenn
sie sich freien Stellen
nähern. Noch eine andere
Tatsache spricht für PAU-
LYS Befund: Es gibt eini-
ge Oribatidenarten, die
im Wasser (speziell in
Moorgewässern) leben.
Ihre pseudostigmatischen
Organe sind ganz kurz
und stiftchenförmig, was
aus mechanischen Grün-
den wohl verständlich
erscheint (vgl. Seite 117).

Nun sind derartige
„Gruben-Sinneshaare"
(Bothriotriche oder Tri-
chobothrien) bei boden-

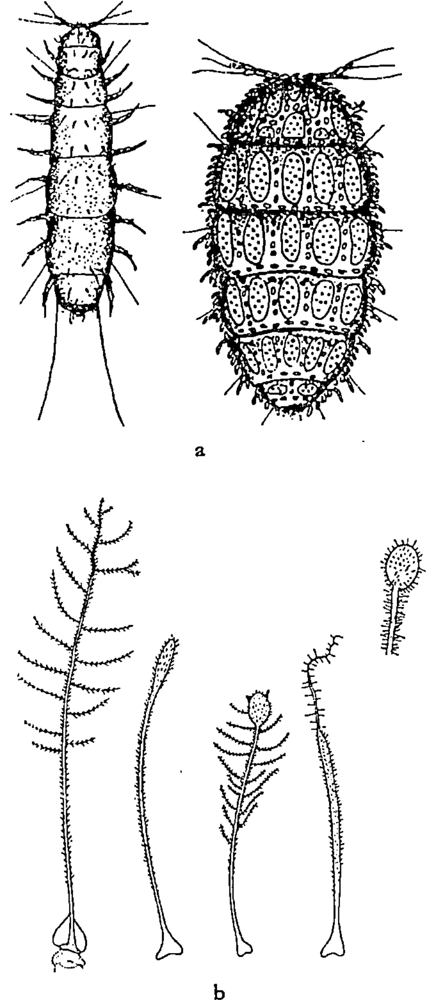

Abb. 26a u. b. a Pauropoden (millimeter-
große Tausendfüßer) (nach KÜHNELT 1950);
b verschiedene Trichobothrien-Formen bei
Pauropoden (nach DELAMARE-DEBOUTTE-
VILLE 1951)

bewohnenden Gliederfüßern allgemein weit verbreitet. Verschiedene Tausendfüßer, Urinsekten und Spinnentiere besitzen sie; allerdings erreichen sie selten eine so auffällige Größe wie bei den Hornmilben (vgl. Abb. 25).

Neben solchen Tast-Sinnesorganen sind vielfach die geruchlichen (= olfaktorischen oder chemorezeptorischen) hoch entwickelt. Ein schönes Beispiel liefern uns die Collembolen (Spring-

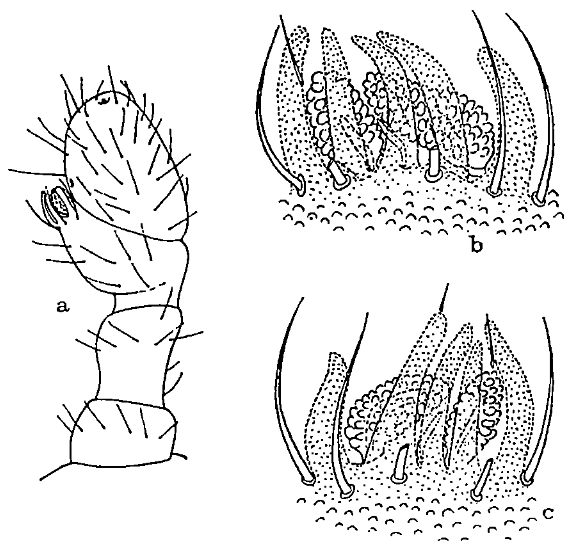

Abb. 27a—c. Antennalorgane bodenbewohnender Collembolen. a Die verkürzte Antenne eines solchen extremen Bodenbewohners (*Onychiurus*) trägt am 3. Glied auffällige Borsten, Zapfen und traubige Anhänge; b und c zeigen diese Organe stark vergrößert

schwänze), von denen wir ja schon die verschieden stark an den Lebensraum Boden angepaßten Formen kennengelernt haben. Während die Oberflächenbewohner längere, aber „normal" gebaute Antennen tragen, haben die euedaphischen Tiefenbewohner kurze Fühler, an denen auffällige Sinnesorgane sitzen, die wohl in erster Linie Geruchssinnesorgane sind (vgl. Abb. 27). Zur Zeit sollen entsprechende Versuche ihre genaue Funktionsweise klären. Bei vielen Bodentieren sind außerdem Mundanhänge als spezifische Tast- und Geruchswerkzeuge ausgebildet. Das gilt vor allem für die fühlerlosen Spinnentiere.

48

2. Luftfeuchtigkeit, Temperatur, Säuren und Basen im Leben der Bodentiere

Da die relative Luftfeuchtigkeit eine besondere Rolle im Leben der Bodentiere spielt, ist zu erwarten, daß sie entsprechend fein auf Feuchtigkeitsschwankungen reagieren. In der Tat läßt sich leicht zeigen, daß alle euedaphischen Formen auf stark feuchtigkeitsgesättigte Luft angewiesen sind. In normaler Zimmerluft vertrocknen sie buchstäblich in wenigen Minuten. Das gilt vor allem bei höheren Temperaturen. Aber auch die größeren und robusteren Arten suchen stets ein gewisses Feuchtigkeitsoptimum auf. Bringt man sie (Asseln z. B.) in ein Feuchtigkeitsgefälle, so suchen sie nach einiger Zeit die feuchte Seite auf. Solange sie im zu trockenen Bereich sind, zeigen sie sich auffällig unruhig. Man nennt diese bewegungsauslösende Wirkung der Luftfeuchtigkeit „*Hygrokinese*". Sie führt stets zum Aufsuchen und Auffinden eines sogenannten *Feuchtigkeitspräferendums*, das ist der von der betreffenden Art bevorzugte Feuchtigkeitsgrad. Er liegt für die Bodentiere allgemein über 90%.

Die meisten euedaphischen Kleintiere haben eine sehr wasserdurchlässige Haut; sie verdunsten also in zu trockener Luft Körperflüssigkeit. Wenn tropfbares Wasser da ist, können sie den Verlust durch Trinken ausgleichen. Im Boden ist dies in der Regel nur nach Regen der Fall; sonst ist die Bodenfeuchtigkeit in den Bodenpartikeln selbst und zwischen ihnen kapillar gebunden. Da das Lückenwasser aber ständig verdunstet, ist die Bodenluft praktisch immer feuchtigkeitsgesättigt. Dementsprechend sind die echten Bodentiere, die keinen wirksamen Verdunstungsschutz besitzen, physiologisch an eine derartige Kelleratmosphäre gebunden. Der *Feuchtigkeitssinn* ist übrigens bei den Insekten an den Fühlern lokalisiert, was sich durch Ausschaltungsexperimente zeigen läßt.

Dasselbe gilt vom *Temperatursinn*. Auch im Temperaturgefälle zeigt sich die Anpassung der Bodenbewohner an konstante Bedingungen. Sie suchen stets relativ niedere Bereiche auf und entziehen sich womöglich allen stärkeren Schwankungen. Ihr *Temperaturpräferendum* liegt (in unserem Klimabereich) unter $+20°\,C$, meist um $+15°\,C$.

Die Bodenluft hat aber noch andere Eigenschaften, auf die die Bodentiere eingestellt sein müssen. Da ist vor allem der *Kohlensäuregehalt* zu nennen. Er kann wesentlich höher liegen als in der freien Atmosphäre. Während nun alle höheren Tiere äußerst empfindlich gegen zuviel Kohlensäure sind, erweisen sich die Bodenkleintiere als sehr resistent. Man kann Collembolen stundenlang in Luft halten, die 20% CO_2 enthält; nach kurzer Betäubung wachen sie wieder auf und zeigen keinerlei Schädigung. Die Regenwürmer haben am Vorderdarm drüsige Ausstülpungen, die Kalk sezernieren und ihn zeitweise in größerer Menge speichern können. Sie werden daher „Kalksäckchen" genannt. Von vielen Forschern werden sie mit der Kohlensäureresistenz der Würmer in Zusammenhang gebracht, da sich Kalk bekanntlich gern mit Kohlensäure verbindet. Man hat sich dann vorzustellen, daß die überschüssige Kohlensäure des Blutes in den Kalksäckchen gebunden und zusammen mit dem von ihr gelösten Kalk durch den Darm ausgeschieden wird.

Andere Forscher schreiben den Kalksäckchen allerdings eine andere, wenn auch ähnliche Funktion zu. Demnach sollen sie den Kalk zur Neutralisierung der vielen Humussäuren, die der Regenwurm mit seiner Nahrung aufnimmt, liefern.

Der *Säure- und Basengehalt* des Bodens selbst beeinflußt die Bodenfauna offenbar relativ wenig. Ihre Artenzusammensetzung erscheint innerhalb gewisser Normalgrenzen kaum davon berührt. Das gilt vor allem für das Vorkommen der vielen kleinen Gliederfüßer. Nur solche, die kalkhaltige Panzer bilden, zeigen eine engere Bindung an Kalkböden, wie z. B. Schnecken, Asseln oder Diplopoden.

3. Die Regenwürmer zwischen Szylla und Charybdis

Wenn die Regenwürmer nach stärkerem Regen oftmals zu Hunderten aus dem Boden ans Licht kommen und dort auf Wegen oder in Pfützen verenden, so hängt das in erster Linie mit einem Atmungsproblem zusammen. Sie drohen in ihren überschwemmten Röhren durch Sauerstoffmangel zu ersticken. Sobald sie aber ans Tageslicht kommen, sterben sie binnen kurzem den Lichttod. Sie sind nämlich äußerst lichtempfindlich, vor allem gegen das

Ultraviolett, das ja auch noch im diffusen Tageslicht vorhanden ist. Direkte Sonne tötet sie natürlich noch rascher. Die Regenwürmer haben also ihren Namen von einer für sie recht peinlichen Situation her bekommen, die am besten mit der „klassischen" Lage des Schiffers zwischen Szylla und Charybdis zu vergleichen ist. Sie kommen vom Regen ins Licht, und das ist für Regenwürmer schlimmer als die sprichwörtliche Traufe. Einen Aufenthalt im Wasser können sie nämlich recht lange ungeschädigt überstehen.

Auch die berühmten australischen Riesenregenwürmer (*Megascolides australis*), die über $2^1/_2$ m lang werden, sind außerhalb ihrer Röhren

Abb. 28. Australische Eingeborene beim Fang von Riesenregenwürmern. Die Tiere werfen an den Röhreneingängen kraterförmige Erdwälle auf

ganz hilflos. Allerdings ist es nicht gerade leicht, so ein „Untier" zu erwischen, und noch mühsamer, es herauszuziehen. Da müssen schon starke Männer zupacken, wie Abb. 28 zeigt. Für die Eingeborenen sind es Leckerbissen.

4. Der Lichtsinn der Bodenbewohner

Augen und Lichtsinn sind bei den meisten Bodentieren schwach entwickelt. Trotzdem läßt sich auch bei den blinden Arten ein deutlicher „*Haut-Lichtsinn*" nachweisen. Sie werden schon nach kurzem Aufenthalt im Hellen unruhig, beginnen umherzusuchen und finden so bald wieder an dunkle Stellen zurück. Die Regenwürmer sind an ihren beiden Körperenden besonders lichtempfindlich,

vor allem vorn. Auf stärkere Lichtreize reagieren sie durch raschen
Rückzug. Sie besitzen in ihrer Haut verstreut viele primi-
tive Lichtsinneszellen. Unter normalen Freilandbedingungen wir-
ken mit diesem photophobischen Verhalten (= Lichtscheuheit)
thigmotaktische Reaktionen zusammen. Darunter versteht man das
für alle Bodentiere typische Bestreben nach möglichst allseitiger
Berührung, die Tendenz also, in enge Spalten und Gänge zu kriechen. Das erschwert natürlich ihre Lebendbeobachtung sehr. Man
kann jedoch in vielen Fällen ihr negativ phototaktisches Verhalten
und ihre thigmotaktische Unruhe zugleich ausschalten, wenn man
ihnen Glasscheiben zum Unterkriechen bietet und kein zu starkes
Licht einfallen läßt.

5. Das Studium der Lebensgewohnheiten der Bodentiere

Damit sind wir bei der Frage angekommen, wie man überhaupt
die Lebensgewohnheiten und Reaktionsweisen von Bodentieren
am besten studieren soll. Voraussetzung dafür ist ja, daß man sie
beliebig lange lebend halten und womöglich züchten kann. Von
vornherein ist zu erwarten, daß sie recht empfindliche und an-
spruchsvolle Pfleglinge sind; denn sie kommen ja aus einem
Lebensraum, dessen Klima an Ausgeglichenheit kaum zu über-
bieten ist. Vor allem unter der geschlossenen Pflanzendecke
schwanken die Lebensbedingungen, wie Feuchtigkeit und Temperatur, während des ganzen Jahres viel weniger als an der Bodenoberfläche. Auch die sogenannten biotischen Faktoren, wie z. B.
das Nahrungsangebot, ändern sich kaum. Wenn man also Bodentiere im Labor halten und züchten will, muß man ihnen wohl in
erster Linie ähnlich konstante Bedingungen bieten. Das ist heut-
zutage in sogenannten Klimakammern kein Problem mehr. Aber
auch ohne solche lassen sie sich im Kleinen züchten, wenn man nur
stärkere Temperatur- und Feuchtigkeitsschwankungen in den
Zuchtgefäßen vermeidet und das Pilzwachstum unterdrückt. Das
gilt vor allem für die Kleinformen, die am meisten unter Kondens-
wasserbildung und Verpilzung leiden. Schwieriger ist es, ihre
Lichtscheuheit und ihre Lust, sich zu verkriechen, zu überlisten.
Man kann sie zwar in Zuchtschalen sperren, die einen glatten Boden
haben, so daß sie sich einfach nicht verstecken können, aber dann

zeigen sie oft nicht mehr das normale Verhalten, auch nicht nach langer „Gewöhnung".

Wir wenden seit Jahren folgende Kniffe an:

1. Die kleinen und mittelgroßen Formen kommen in Filmdöschen mit glattem Gipsboden, der sich schön gleichmäßig feucht halten läßt, leicht zu säubern ist und das Verkriechen verhindert.

2. Die neueingesetzten Tiere werden pausenlos schwach beleuchtet. Geringe Helligkeit stört ihr Wohlbefinden nicht, wenn sie sie auch normalerweise meiden. Nach einiger Zeit gewöhnen sie sich an das Dauerlicht, so daß sie auch im Hellen alles tun, was sie sonst im Dunkeln täten.

3. Für solche, die unbedingt enge Räume mit allseitiger Berührungsmöglichkeit brauchen, kann man dünne Glasplatten lose auflegen. Besser noch sind glasbedeckte Gipsrinnen (vgl. Abb. 29).

a

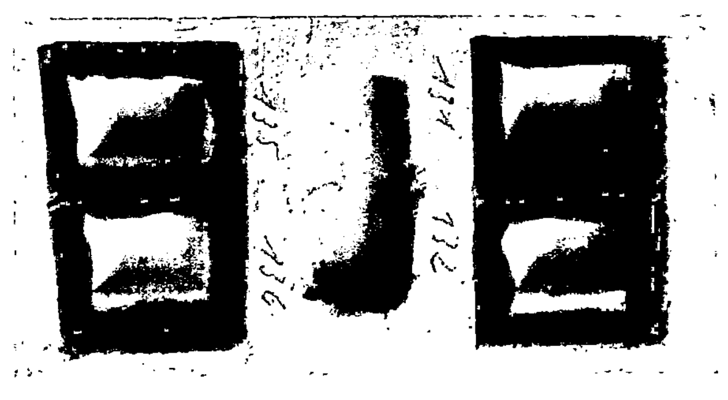

b

Abb. 29a u. b. Zuchtgefäße für Bodenkleintiere: a Filmdöschen; b Gipsplatte mit glasbedeckten, durch Kitt abgedichtete Vertiefungen, in denen die Tiere ganz ungestört beobachtet werden können. Die Mittelrinnen dienen zum Wassereinfüllen für eine gleichmäßige Befeuchtung des Gipses

Das Dauerlicht ist vor allem deswegen nötig, weil man so kleine Tiere mit Erfolg nur bei starker Vergrößerung beobachten kann, die natürlich eine stärkere Beleuchtung erfordert. Sind die Tiere dem Tag- und Nacht-Wechsel ausgesetzt, so werden sie ihre gesamten Lebensäußerungen in die Dunkelheit verlegen und tagsüber, noch dazu bei mikroskopischer Beleuchtung, einfach nichts tun. Und nach längerem Dunkel scheucht sie schon der schwächste Lichtstrahl.

Die Empfindlichkeit gegen Luftbewegungen und Bodenerschütterungen erfordert in vielen Fällen, daß die Gefäße auch während der Beobachtung mit einer Glasscheibe bedeckt bleiben und daß das Binokular womöglich getrennt von diesen und frei schwenkbar aufgestellt bzw. aufgehängt wird.

6. Die Freßgewohnheiten der Vegetarier

Nach allen diesen Vorbereitungen können wir uns nun das Leben und Treiben der verborgenen kleinen Welt mit Muße be-

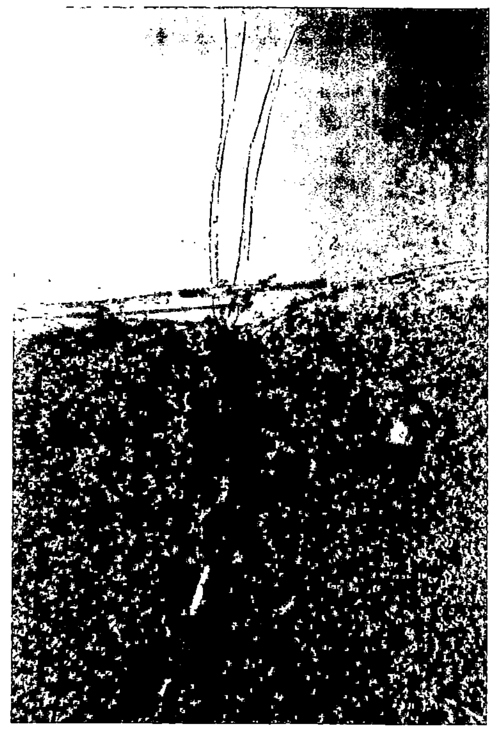

Abb. 30. Regenwurm beim Einziehen von Kiefernnadeln. Das Tier hat seinen Gang zwischen zwei Glasscheiben angelegt und zieht nun die Nadeln an den zusammengewachsenen Enden hinein, „damit" sie im Boden schneller „gar", d. h. weicher werden; denn im frischen, harten Zustand kann sie der Wurm nicht zerbeißen

54

trachten. Zunächst werden wir wohl den einen oder anderen dort
beim Fressen überraschen, wahrscheinlich einen der Pflanzenfresser; denn ihnen läuft ja das Essen nicht davon, so daß sie in
aller Ruhe beliebig lange dabeibleiben können, sofern wir ihnen

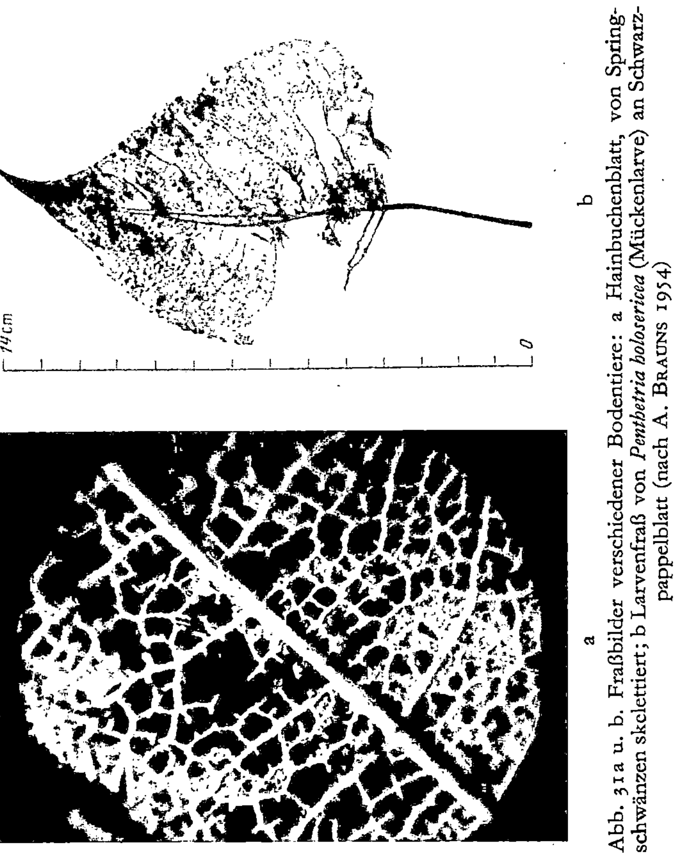

Abb. 31 a u. b. Fraßbilder verschiedener Bodentiere: a Hainbuchenblatt, von Springschwänzen skelettiert; b Larvenfraß von *Penthetria holosericea* (Mückenlarve) an Schwarz-
pappelblatt (nach A. BRAUNS 1954)

nur das Richtige vorgelegt haben. Das zu finden ist aber nicht
schwer; denn was sollten Bodentiere anderes mögen, als was der
Boden ihnen bietet: Fallaub, Fallholz, Pilze, Wurzeln, Moos. Am
beliebtesten ist das Häufigste, das Fallaub, das womöglich von
Wasser und Bakterien schön „aufgeweicht" sein soll (vgl. Abb. 30).
Die Vegetarier unter den Tausendfüßern (Diplopoden), die Asseln,

viele Felsenspringer (Machiliden), Hornmilben und Springschwänze fressen Löcher in die Blätter, skelettieren sie bis auf die
harten Rippen und holen wenigstens die weichere Mittelschicht
zwischen der etwas festeren oberen und unteren Blatthaut (Epi-
dermis) heraus. So entstehen Fraßbilder, wie sie uns Abb. 31 zeigt.
Andere nagen gern an morschen Holzteilen, so z. B. manche
Moosmilben; wieder andere weiden Pilzrasen ab (verschiedene
Springschwänze) oder saugen an den Fäden der sogenannten
Mykorrhiza (Pilze, die mit den Wurzeln höherer Pflanzen eng
vergesellschaftet sind), wie z. B. die Proturen (blinde, fühlerlose
Urinsekten, die ihr erstes Beinpaar als Antennen benutzen) oder
die Pauropoden (eine eigene Gruppe kleinster Tausendfüßer).
Moos mögen nur wenige. Viele aber fressen wieder an den Exkrementen anderer und verarbeiten sie immer feiner. Das gilt vor
allem für die Kleinen (Springschwänze, Milben, Symphylen), die
man dann als Zweitzersetzer von den sogenannten Erstzersetzern
unterscheiden kann.

7. Die Räuber und ihre Überfall- und Beutefangmethoden

Wesentlich aufregender wird es, wenn wir einen der Räuber
beim Broterwerb ertappen; denn ihr Handwerk erfordert ein viel
differenzierteres Verhalten. Suchen, Aufspüren, Belauern, Verfolgen, Anspringen, Zupacken, Töten, Zerlegen und Fressen sind bei
ihnen Glieder einer oft langen Handlungskette. Darin besteht
zwischen Groß und Klein kaum ein Unter-
schied.

Unter denen, die an der oberen Grenze des
Lebensraumes Boden, also auf und zwischen
der Laubstreu leben, gibt es noch einige
wenige, die ihre Beute optisch ausmachen.
Als Beispiel sei der in unseren Wäldern
weitverbreitete kleine Laufkäfer *Notiophilus
biguttatus* genannt (vgl. Abb. 32). Seine auffällig vorquellenden Augen verraten schon,
daß er gut fixieren kann. Meist sitzt er ruhig
da und wartet, bis sich irgendwo etwas
Kleines bewegt. Dann stürzt er blitzschnell

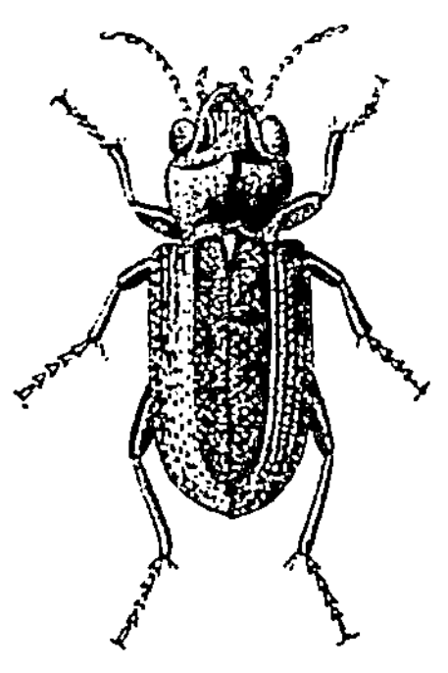

Abb. 32. Der kleine Laufkäfer *Notiophilus biguttatus*

hinzu und packt sein Opfer mit den scharfen Kiefern. Am liebsten
fängt er Springschwänze, offenbar weil sie schön weich sind. Die
Hornmilben mag er nicht. Sie sind ihm viel zu hart.

Die meisten Räuber unter den Bodentieren aber haben keine
guten Augen oder sind gar blind, so daß sie ihre Beute riechen und

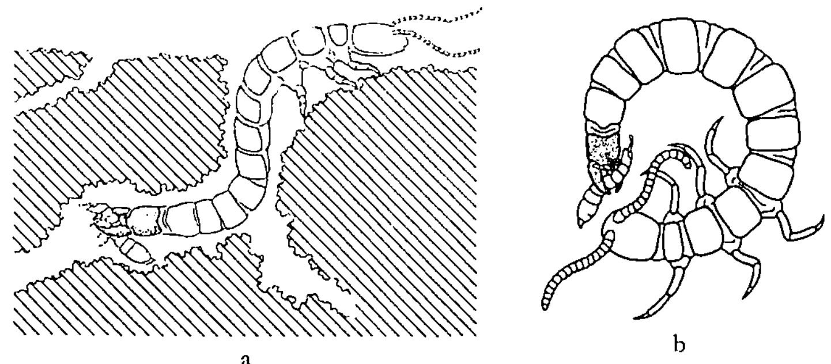

Abb. 33 a u. b. Der zangenbewehrte Doppelschwanz *Japyx* beim Fang (a) und
Verzehr (b) eines Springschwanzes (*Onychiurus*)

Abb. 34. Skolopender mit Beute (Mehlkäfer)

ertasten müssen. Man sieht sie in steter Unruhe umherkriechen und
alles mit Beinen, Fühlern und Mundtastern berühren. In jede Ritze
stecken sie ihre „Nasen". Am schönsten sieht man das bei dem
ohrwurmähnlichen *Japyx* (einem zangenbewehrten Urinsekt aus
der Gruppe der Dipluren). Er ist ein ganz echter Bodenbewohner,
der auch am liebsten Springschwänze jagt. Seine flache, wurmartig bewegliche Gestalt erlaubt es ihm, die verborgensten Spalten

aufzusuchen. Hat er dort einen Springschwanz (von der weißen,
blinden, sprungunfähigen Sorte) ertastet, so werden seine Bewegungen unglaublich rasch und wild. Meist packt er sein Opfer
im ersten Zugriff mit den Kiefern. Gelingt dies aber nicht, etwa
weil die Ritze, wo es sitzt, zu eng ist, so dreht er sich blitzschnell
um, fährt mit der Zange hinein und greift es zielsicher. An geeigneter Stelle bringt er dann den Bissen seitlich gekrümmt nach vorn und frißt ihn „von der Gabel".

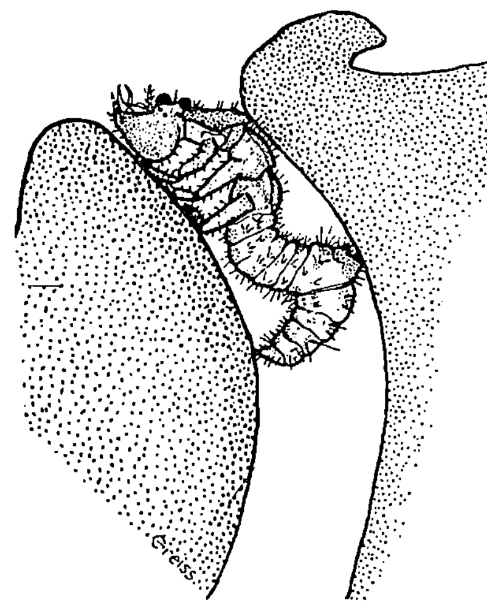

Abb. 35. Ganz raffinierte Fallensteller und Räuber unter den bodenbewohnenden Insekten sind die Larven der Sandlaufkäfer (*Cicindela*). Sie lauern in senkrechten Sandröhren und lassen sich blitzschnell fallen, wenn ein ahnungsloses Beutetier über sie hinwegläuft, um es so zu fangen

Beim Aufspüren und Verfolgen der Beute verhalten sich die räuberischen Tausendfüßer (Skolopender, Steinkriecher u. a.) ähnlich. Sie betasten ebenfalls alles mit ihren Fühlern, und sobald sie damit ein freßbares Tier berührt haben, packen sie augenblicks mit ihren großen, spitzen Kieferfüßen zu und töten es durch das injizierte Gift. Die Kenntnis der möglichen Beutetiere ist ihnen offenbar angeboren. Vielfach sind sie auf bestimmte Objekte
spezialisiert. Das gilt z. B. für die besonders langen und vielbeinigen
Geophiliden, die gern Würmer jagen (vgl. Abb. 12a, Seite 13).

Es wurde schon weiter oben darauf hingewiesen, daß die Spinnentiere das Hauptkontingent der räuberischen Bodentiere stellen.
Von ihnen sind in unseren Böden die Pseudoskorpione am weitesten verbreitet. Sie lauern versteckt auf ihre Opfer oder gehen
nur langsam umher, um mit ihren kräftigen Scheren passende
Beutetiere zu greifen. Von ihnen und ihren südländischen Verwandten, den echten Skorpionen, werden wir noch in anderem
Zusammenhang hören.

a

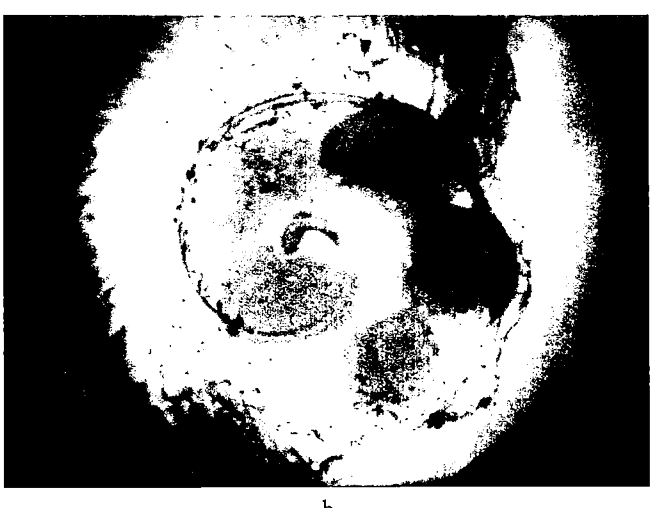

b

Abb. 36a u. b. a Der Brettkanker (*Trogulus*) beim Überfall auf eine kleine Schnecke; natürliche Größe 0,8 cm. b In ausgefressenen Schneckenschalen bringt das *Trogulus*-Weibchen gern seine Eier unter (nach W. PABST 1953)

Unter den Weberknechten gibt es eine speziell bodenbewoh-
nende Familie, die ausschließlich Schnecken jagt. Es sind die
Troguliden, die wegen ihres außergewöhnlich flachen und harten
Panzers auch Brettkanker genannt werden. Sie spüren mit den
Tastern kleinere Schnecken auf und überwältigen sie mit ihren

Abb. 37. Larve des einheimischen Leuchtkäfers *Lampyris* (Glühwürmchen) als
Schneckenräuber (nach H. Schwalb 1961)

scherenförmigen Kiefern. In die säuberlich leergefressenen Schalen
legen sie dann gern ihre Eier.

Spezialisten für Schnecken gibt es unter den Bodentieren verschiedene. Die großen Laufkäfer der Gattung *Carabus* lieben sie
sehr. Einer ihrer Verwandten namens *Cychrus* hat eine auffallend
spitze Schnauze, mit der er tief in die Schneckenschalen eindringen
kann, ohne sie erst aufbrechen zu müssen.

Besonders eifrige Schneckenräuber sind auch die Larven unserer Glühwürmchen, wie Abb. 37 zeigt.

Wegen seiner außergewöhnlichen Fangmethode sei schließlich
noch ein weniger bekannter Räuber genannt: Die Spuck- oder
Leimschleuderspinne *Scytodes thoracica*, die bei uns gern in Häusern

60

lebt, in südlichen Ländern hingegen allgemein unter Steinen oder im Boden wohnt. Sie „bespuckt" ihre Opfer mit klebrigen Schleimfäden und fesselt sie so an den Boden, bevor sie sie tötet und frißt. Die Fäden kommen aus ihren Kiefern (Cheliceren), wobei sie (wie S. Dabelow 1958 durch Filmaufnahmen bewiesen

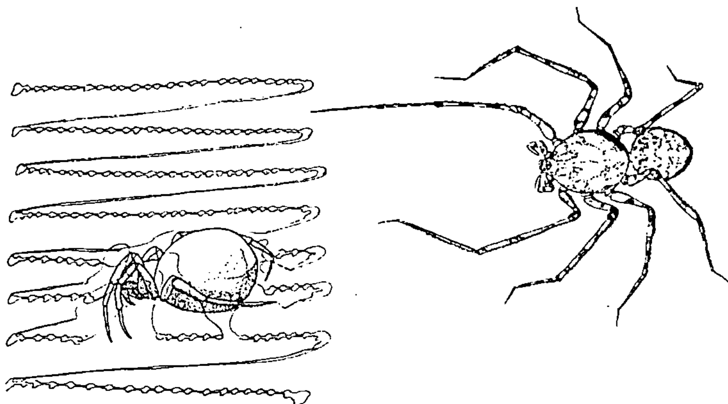

Abb. 38. Die Leimschleuderspinne *Scytodes thoracica* hat eine Beute (kleine Spinne) am Boden gefesselt. Die Klebfäden hat sie aus ihren Kiefern ausgespritzt. Durch rhythmische Änderung des Druckes kommt die Zickzacklage des „Netzes" zustande

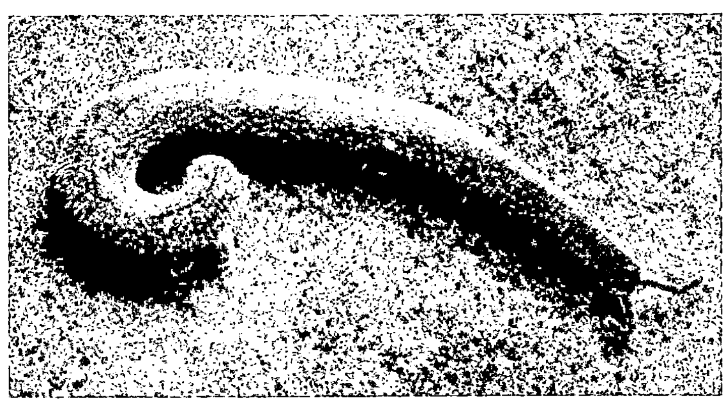

Abb. 39. *Peripatus*, Angehöriger einer merkwürdigen Tiergruppe, die zwischen den Würmern und Tausendfüßern zu stehen scheint. Deutlich sind die charakteristischen Stummelfüße zu sehen. Die Tiere leben von Würmern und Schnecken. Natürliche Größe 3—4 cm (Photo: H. Sturm)

hat) den Spritzdruck rhythmisch so exakt steuert, daß das Beutetier von einem engen Zick-Zack-Band bedeckt wird, aus dem es selbst für die flinken Silberfischchen kein Entrinnen gibt.

Das Leimspucken hat noch eine andere Bodentiergruppe „erfunden", die aber morphologisch und systematisch nichts mit den Spuckspinnen zu tun hat. Es ist der *Peripatus* und seine Verwandten (die Onychophoren), die in der Laubstreu feuchter tropischer Wälder leben. Diese stummelfüßigen, halb wie Würmer, halb wie Tausendfüßer aussehenden, einige Zentimeter langen Tiere spritzen ihren Leim unregelmäßiger, aber kaum weniger wirksam aus zwei besonderen Papillen beiderseits des Mundes. Sie „spucken" aber nach den bisherigen Beobachtungen nicht zum Beutefang, sondern zur Abwehr.

8. Abwehrmaßnahmen der Verfolgten

Die Verfolgten suchen sich in verschiedener Weise vor ihren Verfolgern zu schützen. Fast alle zeigen die sogenannte Totstellreaktion, wenn sie von gröberen Reizen getroffen werden. Die pflanzenfressenden Tausendfüßer (Diplopoden) z. B. rollen sich zusammen; die euedaphischen echt-bodenbewohnenden Collembolen bleiben regungslos eingekrümmt liegen. Verschiedene Milben und Asseln vermögen sich bauchwärts einzuklappen, so daß ihre leichter faßbaren und verwundbaren Körperanhänge und Flächen verdeckt und geschützt sind (vgl. Abb. 41). Den Höhepunkt der Spezialisierung stellen wohl die Roll- oder Kugelasseln (Armadillidien) und die sogenannten Saftkugler (Glomeriden) dar. Die ersteren haben das Einklappvermögen der „normalen" Asseln soweit vervollkommnet, daß sie in eingerolltem Zustand wie kleine

Abb. 40. Tausendfüßer (*Julide*) stellt sich tot

Kugeln aussehen, an denen man nur mühsam Vorder- und Hinterende der Assel erkennen kann — so exakt passen ihre Rücken-
schilder (Tergite) auf- und ineinander. Nicht weniger vollkommene
Kugeln machen die Glomeriden, das sind Tausendfüßer, die in
nicht eingerolltem Zustand völlig asselähnlich aussehen. Es macht
immer Mühe, Laien davon zu überzeugen, daß sie keine Asseln,

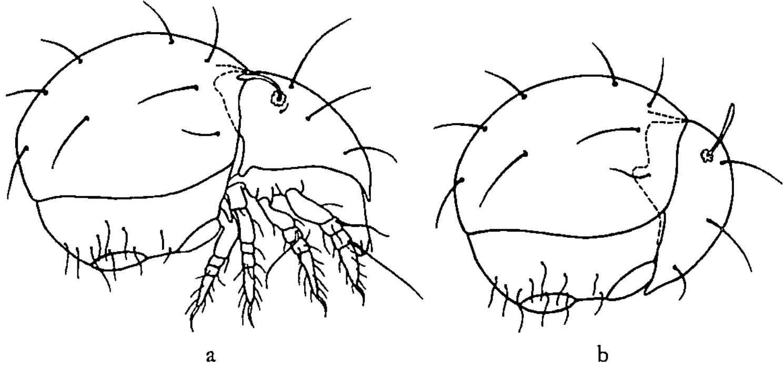

a   b

Abb. 41a u. b. Milben, die sich besonders gut „totstellen" können (*Meso-plophora*). a normal laufend; b eingeklappt

sondern Tausendfüßer sind. Eingerollt aber verwechselt sie auch
der Zoologe leicht.

Diese kleinen „Kugler" gleichen übrigens verblüffend manchen
Gürteltieren, die ja bekanntlich auch Bodentiere sind und gut
graben können. Wir haben da einen besonders hübschen Fall sogenannter Konvergenz vorliegen, der neben den anderen bekannten Fällen, wie z. B. den fischgestaltigen Ichthyosauriern
(Fischechsen) und Walen, viel zu selten beachtet wird. Als Konvergenz bezeichnet man die Erscheinung, daß sehr verschieden-
artige Tiere unter gleichen Lebensbedingungen einander so äh-
neln können, daß man sie nach ihrem Äußeren für nah verwandt
halten möchte. In Wahrheit sind sie jedoch grundverschieden gebaut und organisiert und gehören zu ganz verschiedenen Tier-
klassen. Die ältesten Zoologen haben nicht selten solche „ana-
logen" Tiergestalten in einen Topf geworfen (so z. B. die Quallen
und Seeigel, weil sie beide rund und radiärsymmetrisch geformt
sind). Aber schon ARISTOTELES wußte, daß die Wale trotz ihres
Aussehens keine Fische sind.

63

Abb. 42 a

Abb. 42a—d. Die Fähigkeit, sich abzukugeln, haben die Kugelasseln und Saftkugler unabhängig voneinander zur Meisterschaft entwickelt: a u. b *Glomeris*, der Kugel-Tausendfuß ("Saftkugler"); c u. d *Armadillidium*, die Kugelassel

Unser Beispiel betrifft nun ebenfalls Angehörige dreier völlig verschiedener Tiergruppen: Asseln, Tausendfüßer und Säuger. Auch sie haben im gemeinsamen Lebensraum die gleiche äußere Lebensform mit gleicher biologischer Bedeutung entwickelt. Es kann ja kein Zweifel darüber be-

Abb. 42 b

stehen, daß das Einrollvermögen in allen drei Fällen einen vervollkommneten Schutz darstellt, so wie zweifellos die Torpedoform für alle schneller schwimmenden Tiere besonders günstig ist. Da aber die Baupläne solcher konvergenten Lebensformen gänzlich unvergleichbar sind, folgt, daß sie unabhängig voneinander entstanden sein müssen.

Neben den passiven Schutzmaßnahmen sind aktive Abwehrmethoden selten. Regenwürmer und Schnecken scheiden klebrigen Schleim aus. Die Symphylen (kleine Tausendfüßer) schleudern aus zwei Spinngriffeln am Hinterende klebrige Fäden. Sehr

Abb. 42 c

Abb. 42 d

Abb. 43. Das kleine Gürteltier *Tolypeutes conurus* kann sich ebenso gut abkugeln
wie die Kugelasseln und Saftkugler

wirksam ist die Giftproduktion der Diplopoden. Sie haben an jedem Segment (= Leibesring) ein Paar sogenannter Wehrdrüsen, die ein blausäurehaltiges Sekret ausscheiden, das kleinere Tiere rasch töten kann. Es ist bezeichnend, daß diese Tausendfüßer kaum Feinde haben, von denen sie gefressen werden.

9. Das Gleichgewicht im Bodenraum

Die räuberischen Bewohner selbst scheinen für den Boden keine produktionsbiologische Bedeutung zu haben, da sie sich ja nicht an der Umwandlung des Bestandesabfalles beteiligen. Aber bei genauerer Überlegung leuchtet ein, daß sie als bevölkerungsregulierender Faktor doch sehr wichtig sind. Keine Lebensgemeinschaft kommt ja auf die Dauer ohne solche Regulative aus. Wir Menschen denken daran allerdings meist nur dann, wenn irgendwo in der Welt eine Gleichgewichtskatastrophe passiert ist, die wir dann als „Schädlingskalamität" bezeichnen, wenn sie unsere eigenen Interessen betrifft. Unter den Bodentieren gibt es freilich zweifellos viel mehr „nützliche" als „schädliche". Manche von ihnen greifen sogar regulierend in andere Lebensräume ein. Das bekannteste Beispiel liefern die Ameisen, die einen besonders wichtigen Faktor der sogenannten Biologischen Schädlingsbekämpfung darstellen.

Das Tiergewimmel in unseren Böden stellt normalerweise eine einigermaßen ausgewogene Gemeinschaft von Fleischproduzenten und Konsumenten dar, deren Siedlungsdichte durch die Wohnraumverhältnisse (Porenvolumen des Bodens), durch das Grundnahrungsangebot (vegetabilischer Abfall) und durch die Klimabedingungen (von denen Entwicklungsgeschwindigkeit, Lebensdauer und „Aktivität" abhängen) bestimmt wird. Räuber, Parasiten, Pilze (als Nahrungskonkurrenten) und Krankheiten regulieren den Bevölkerungsdruck, der, wie überall in der Natur, auch im Boden durch eine andauernde *Überproduktion von Nachkommen* hervorgerufen wird.

10. Die Nachkommenproduktion der Bodentiere

Wie stark diese Überproduktion im einzelnen ist, wissen wir für viele Arten noch nicht. Ich möchte aus eigener Anschauung nur ein Beispiel anführen: Eine der häufigsten bodenbewohnenden Springschwanzgattungen ist *Onychiurus*. Wie alle Collembolen häuten sich auch ihre Vertreter über die Geschlechtsreife hinaus viele Male und legen mehrmals in ihrem ein- bis zweijährigen Leben Eier ab. Unter günstigen Bedingungen kann ein Weibchen alle 6 Wochen 30 bis 40 Eier produzieren; in unserem Klima sind das also pro Jahr, vorsichtig geschätzt, wenigstens 150—200 Stück. Wenn daraus wiederum nur 50 geschlechtsreife Weibchen werden, die nach 6—8 Wochen zu legen beginnen, so kann auch im ungünstigsten Fall die Nachkommenschaft eines einzigen Tieres pro Jahr 1000—1500 reife Individuen betragen. Der Boden müßte also in kürzester Zeit vor Leben überquellen, wenn es keine Räuber, Parasiten und Krankheiten gäbe.

Die meisten Bodentiere legen ihre Eier irgendwo im Boden unter Steinen, Moos, Blättern oder in Ritzen ab. So die Regenwürmer und Enchyträen, die Kokons aus erhärtendem Schleim bilden, in die die Eier eingebacken sind. Die Collembolen streuen

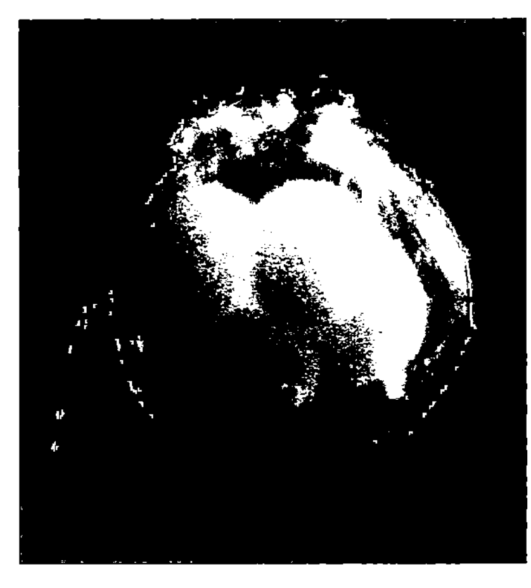

Abb. 44. Eikokon des kleinen Regenwurm-Verwandten *Enchytraeus buchholzi* (nach M. TRAPPMANN 1950)

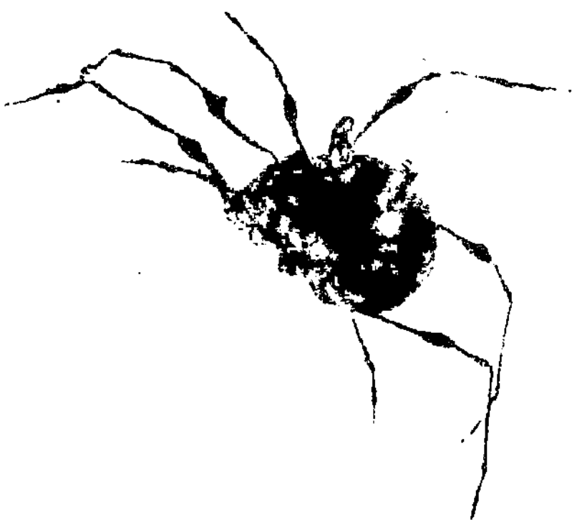

Abb. 45. Moosmilbe *Belba* mit Eiern, die ihr eine Artgenossin angehängt hat (nach F. PAULY 1956)

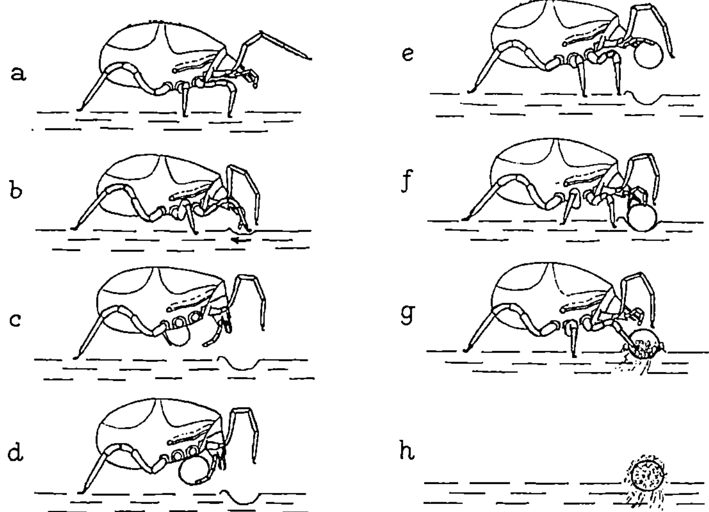

Abb. 46 a—h. Die Käfermilbe *Parasitus coleoptratorum* bei der Eiablage: Wie sie das Ei legt und vergräbt (nach A. RAPP 1959). Natürliche Länge ca. 1,3 mm

ihre Eihäufchen weithin. Bei den Milben kennen wir verschiedene Fälle verstärkter Brutfürsorge. Die Weibchen der Moosmilbengattung *Belba* z. B. heften die Eier ihren Artgenossen irgendwo an, so daß diese sie bis zum Schlüpfen der Larven herumtragen müssen. Das bedeutet gewiß einen erhöhten Schutz für die Brut, was auch darin zum Ausdruck kommt, daß die Belben mit nur wenigen großen Eiern auskommen. Die räuberischen Käfermilben (Gamasiden) der Gattung *Parasitus* haben einenanderenhübschenBrutfürsorgeinstinkt. Sie scharren für jedes Ei eine kleine Grube, legen es mit den Beinen hinein und decken es dann sorgfältig zu. Die letzten Larvenstadien dieser Milben sind vielleicht manchen Lesern bekannt: Sie

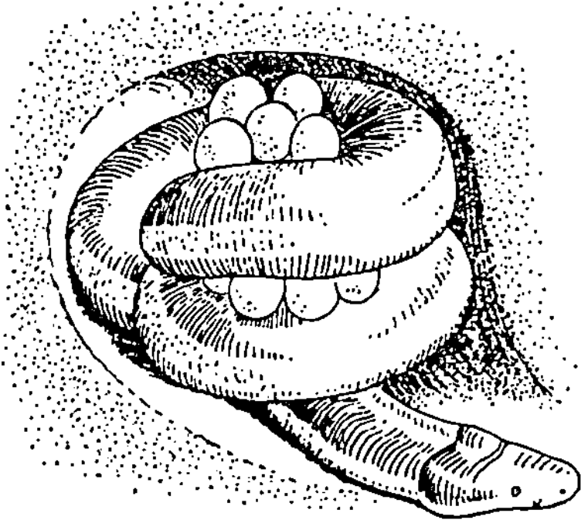

Abb. 47. Blindwühle (Gymnophione, fußloser Schwanzlurch) bei der Brutpflege in ihrer Erdkammer

sitzen regelmäßig als blinde Passagiere auf Mistkäfern und lassen sich von ihnen von ausgetrockneten zu frischen Dunghaufen transportieren; nur dort finden sie nämlich die ihnen zusagenden

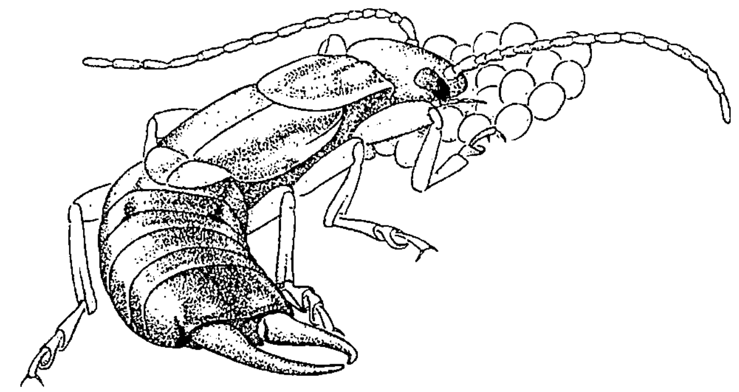

Abb. 48. Ohrwurm-(*Forficula-*)Weibchen bewacht und beleckt sein Eigelege in einer besonderen Brutkammer im Boden

Abb. 49. Skolopender-Weibchen bei der Brutpflege (nach H. Klingel 1960)

Lebens- und Entwicklungsbedingungen und die Nematoden, die sie gern fressen.

Richtige *Brutpflege* treiben im Boden die Blindwühlen (= Gymnophionen), die Ohrwürmer, die Skolopender und andere räuberische Tausendfüßer, die Skorpione, die Japygiden und die Erdwanze *Brachypelta aterrima*. Ihre Weibchen bewachen wenigstens die Eier; vielfach belecken und pflegen sie sie auch und transportieren sie an geeignete Stellen; so z. B. die Ohrwürmer. Alle diese Arten können es sich leisten, wesentlich weniger Eier zu produzieren als jene, die sich nicht weiter um Eier und Brut kümmern.

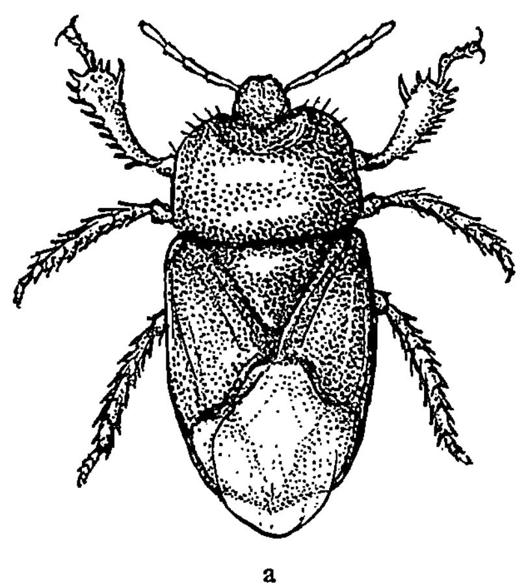

a

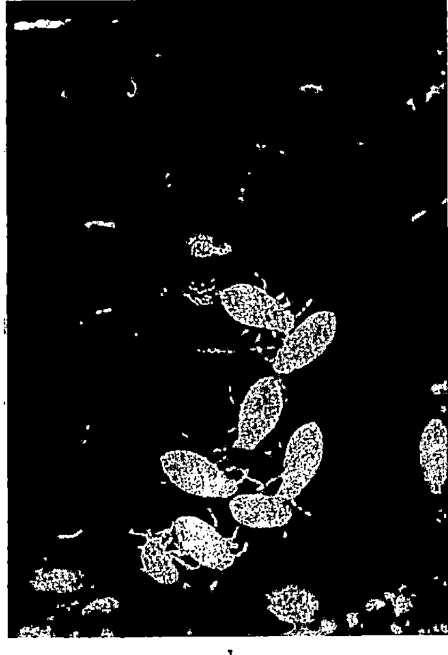

b

Abb. 50a u. b. Erdwanze *Brachypelta aterrima* (a); mit Brut (b) (nach H. Schorr 1957)

Sehr auffällig ist das Brutpflegeverhalten des *Brachypelta*-Weibchens. Diese schwarze Erdwanze lebt in sandigen Böden unter Wolfsmilch, an der sie gern saugt. Dort legt sie auch ihr Eihäufchen ab (30—50 Stück), das sie bis zum Schlüpfen der Jungen bewacht und gegen Eindringlinge verteidigt. Danach laufen die Larven aber nicht auseinander, sondern bleiben eng zusammen und bei der Mutter. Sie läßt sich geduldig von den Kindern umdrängen und besteigen. Von Zeit zu Zeit scheidet sie aus ihrem After ein Tröpfchen aus, das die Jungen begierig aufsaugen. In den ersten

Tagen nehmen diese überhaupt keine andere Nahrung zu sich; und nur solche Larven, die ein brutpflegendes Weibchen besteigen und an einem derartigen Tröpfchen saugen konnten, erweisen sich später als lebensfähig. Wie H. SCHORR (1957) feststellte, hängt die Brutpflege von *Brachypelta* mit einem anderen Phänomen zusammen: Die Wanze beherbergt nämlich in ihrem Darm besondere Bakterien, die bei ihrer einseitigen Nahrung als Vitamin- und Eiweißlieferanten lebensnotwendig für sie sind. Solche engen und unumgänglichen Verknüpfungen zweier verschiedenartiger Organismen nennen wir „Symbiosen". Die Symbiontenträger haben dabei ein wichtiges Problem zu lösen: die gesicherte Übertragung der lebensnotwendigen Mikroorganismen auf ihre Nachkommen. Diese Übertragung erfolgt in unserem Falle durch die geschilderte Brutpflege. Die von den *Brachypelta*-Weibchen ausgeschiedenen Tröpfchen enthalten nämlich die Übertragungsformen ihrer symbiontischen Darmbakterien. Die Jungen „infizieren" sich damit, bevor sie sich zerstreuen und an Wolfsmilch zu saugen beginnen.

IV. Die Paarungsgewohnheiten der Bodenbewohner

Die Männchen haben bei den Bodentieren allgemein nichts mit Brutpflege zu tun. Auch in der *Paarungsbiologie* spielen sie oft eine merkwürdig zurückhaltende Rolle. Wir schlagen damit ein Kapitel im Leben der Bodentiere auf, das — wie überall im Tierreich — zu den reizvollsten Themen der Biologie und Verhaltensforschung gehört.

Viele Bodentiere paaren sich „normal", indem die Geschlechtspartner in engen körperlichen Kontakt zueinander treten, den wir auch Kopula nennen. Voraussetzung dafür ist, daß die Männchen geeignete Kopulationsorgane besitzen, mit denen sie sich an oder in den Weibchen fest verankern können. In der Regel dienen diese Verankerungsorgane gleichzeitig auch der Samenübertragung, indem sie als Rinnen oder Röhren die Samenflüssigkeit in die Geschlechtsorgane der Weibchen überleiten. So verhält es sich bei den Fadenwürmern. (Nematoden), Regenwürmern und Enchyträen (Oligochaeten), Schnecken, höheren Insekten, Weberknechten. Von den genannten sind die Regenwürmer aus zwei

Gründen besonders bemerkenswert: 1. weil sie Zwitter sind; 2. weil sie keine eigentlichen Samenübertragungsorgane haben. Im Frühjahr kann man sie unter Steinen verpaart finden. Das sieht so aus, wie Abb. 51 zeigt. Beide Partner fungieren dabei zugleich als Männchen und Weibchen. Sie sind lediglich durch Schleim aneinander geheftet, der so fest und zäh ist, daß sie oft an den Anheftungsstellen tief eingeschnürt erscheinen. Er stammt übrigens vorwiegend aus dem „Clitellum", einem drüsig verdickten Ring, den man an jedem Regenwurm im vorderen Drittel seines Körpers erkennen kann. Außerdem verankern sie sich noch mit ihren Borsten, die sie sich gegenseitig in die Haut bohren.

Nun hat jeder Regenwurm auf der Bauchseite 8 Geschlechtsöffnungen: 2 Samenleitermündungen am 15. Ring (= Segment), 2 Eileitermündungen am 14. und je 2 Eingänge zu den 4 Samenbehältern (Receptacula seminis) am 9. und 10. Ring. Abb. 52 zeigt, daß diese Öffnungen bei der Copula nicht sinngemäß aufeinander liegen. Vielmehr bildet jeder Wurm durch entsprechende Kontraktion der Bauchmuskulatur zwei Schleimrinnen, die von den männlichen Geschlechtsöffnungen bis zum eigenen Clitellum hinziehen, d. h. also bis dahin, wo die Samenbehälter-Mündungen des Partners liegen. In diesen Rinnen werden einige auffälligweiße Sekretballen sichtbar, die aus den Samenleitermündungen austreten und durch Muskelkontraktionen zu den 4 Samenbehältern des Partners hingeschoben werden, wo sie verschwinden. Sie enthalten die Spermien. Die Kopulation ist damit beendet, die Partner lösen sich langsam und kriechen auseinander. Jeder der beiden trägt nun in seinen Samentaschen die Samenzellen des anderen mit fort. Der Kopulationsakt führt also noch nicht zur Befruchtung der Eier. Vielmehr ist der Sinn des ganzen Vorganges erst zu verstehen, wenn man weiß, daß bei den Regenwürmern die männliche Reife einige Wochen vor der weiblichen liegt; d. h. die Spermien werden vor den Eiern gebildet, eine Erscheinung, die wir auch von anderen zwittrigen Tieren kennen, und die man „Proterandrie" nennt. Sie bedingt es, daß die Eier nicht gleich bei der Begattung befruchtet werden können, sondern daß die Samenfäden des Partners erst in besonderen Behältern gelagert werden müssen, bis die Eier reif sind. Der biologische Sinn dieser scheinbar überflüssigen Komplikation wird klar, wenn man bedenkt,

daß ja bei den Zwittern die Gefahr der Inzucht durch Selbst-
befruchtung besteht.

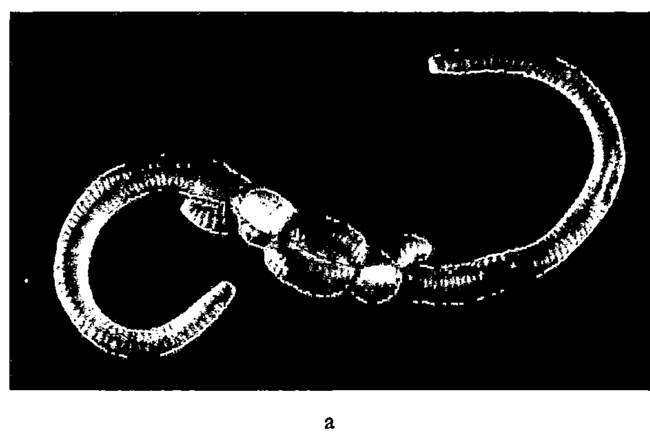

a

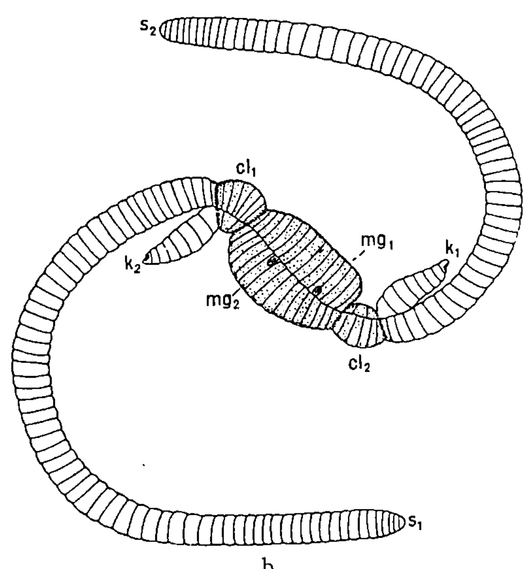

b

Abb. 51 a u. b. Regenwurmpaar; a Lebendaufnahme nach I. HOLZAPFEL (Herrn
Dr. O. GRAFF, Braunschweig-Völkenrode, danke ich für die freundliche Ver-
mittlung dieser Aufnahme); b nach ANDREWS: *cl* Clitellum, *k* Kopfende,
mg männliche Geschlechtsöffnung, *s* Schwanzende. Die Zahlen bedeuten die
Zugehörigkeit zum einen oder anderen Tier. Die Region der Schleimhülle ist
punktiert

73

Die Besamung der Eier vollzieht dann jeder Regenwurm kurz
vor deren Ablage für sich allein. Er bildet an seinem Clitellum
einen Schleimring und schlüpft aus ihm langsam rückwärts heraus. Wenn die Eileitermündungen den Ring passieren, preßt er
die Eier hinein, und gleich darauf entleeren die Samenbehälter

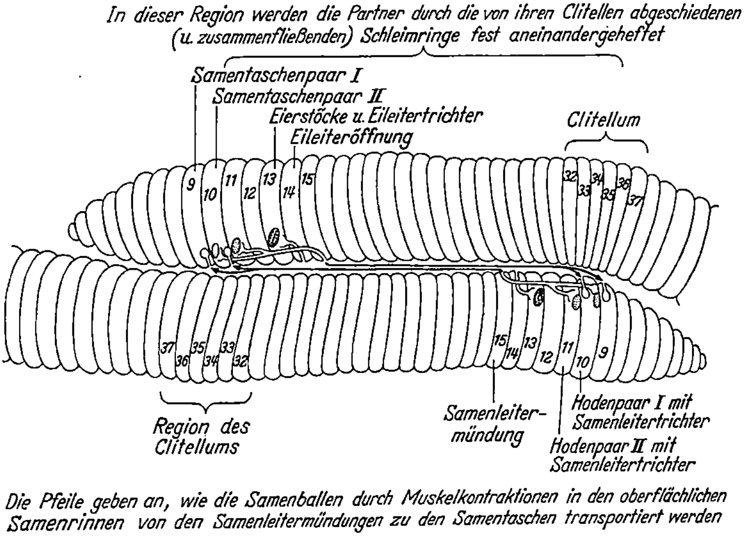

Abb. 52. Regenwurmpaarung, schematisch. Die Geschlechtsregion beider
Tiere ist stärker vergrößert, um die Vorgänge der Samenübertragung zu
verdeutlichen

(Receptacula) das gespeicherte Sperma dazu. Da ja die letzteren
weiter vorn liegen, ist diese Reihenfolge sicher gewährleistet, so
daß die Eier stets kurz nach ihrem Austritt in dem Clitellum-
Schleim besamt und befruchtet werden. Dieser Schleim erhärtet
dann rasch und zieht sich zu einem festen Kokon zusammen, in
dessen Schutz sich die jungen Regenwürmer entwickeln.

1. Der Gebrauch von Samenpaketen

Der Samen wird bei den Regenwürmern nicht als einfache
Flüssigkeit von einem Partner auf den anderen übertragen, sondern in Gestalt kleiner Sekretballen. Solche *Samenpakete* nennt
man „*Spermatophoren*", vor allem dann, wenn ihre Umhüllung

stärker differenziert ist. Ihr Gebrauch ist im Tierreich weit verbreitet. In den meisten Fällen sind ihre Hüllen wesentlich komplizierter gebaut als bei den Regenwürmern. Bei den Bodentieren allerdings, insbesondere bei den niederen Gliederfüßern unter ihnen, finden wir noch eine ganze Reihe von sehr einfacher Bauart. Um so bemerkenswerter aber sind ihre Übertragungsmethoden. Dieses Kapitel aus dem Leben der Bodenfauna ist erst in den letzten 10 Jahren geschrieben worden; es ist also sozusagen noch aktuell. Wir sind ja von allen Tieren gewohnt, daß ihr Verhalten gerade im Funktionskreis der Fortpflanzung am reichhaltigsten ist. Bei vielen bodenbewohnenden Arthropoden (= Gliederfüßern) kommt aber hinzu, daß sie sich bei aller Mannigfaltigkeit der sexuellen Verhaltensweisen im einzelnen grundsätzlich eines gemeinsamen Prinzips der Samenübertragung bedienen, das ich die *„Indirekte Spermatophorenübertragung"* genannt habe. Dabei handelt es sich um folgendes: Die Männchen der fraglichen Arten besitzen keine Kopulationsorgane, ja oft nicht einmal Einrichtungen zum Festhalten der Weibchen. Sie verzichten deswegen darauf, den Samen direkt in oder an die Weibchen zu applizieren, sondern setzen ihn einfach als Paket auf den Boden ab und überlassen es ihren „Partnerinnen", ihn dort zu finden und aufzunehmen. Dabei gibt es alle möglichen Übergänge zwischen Arten, die noch einen „persönlichen" Kontakt der Partner kennen, und solchen, die völlig getrennt voneinander handeln.

Wenn wir bei der Darstellung dieser Phänomene systematisch vorgehen wollen, müssen wir der Reihe nach folgende Fälle besprechen:

a) *Spinnentiere:* Skorpione, Geißelskorpione, Pseudoskorpione, Moosmilben;

b) *Tausendfüßer:* Pinselfüßer (= Pselaphognathen, *Polyxenus*), Symphylen, Skolopender, Steinkriecher und Verwandte;

c) *Urinsekten:* Springschwänze, Felsenspringer und Verwandte.

a) Die *Spinnentiere* sind dem Laien am geläufigsten in Gestalt der Spinnen selbst. Diese paaren sich, wie bekannt ist, nur scheinbar „normal". Das Männchen, das sich seinem Weibchen nähert, hat zuvor eine merkwürdige Handlung vollzogen: Es hat ein kleines sogenanntes Spermanetz gesponnen, darauf ein Samentröpfchen abgesetzt, seine Taster hineingetaucht und sie mit der

Samenflüssigkeit gefüllt. Nun erst ist es paarungsbereit; denn es kann den Samen nur mit seinen Tastern in die Geschlechtsöffnung des Weibchens übertragen.

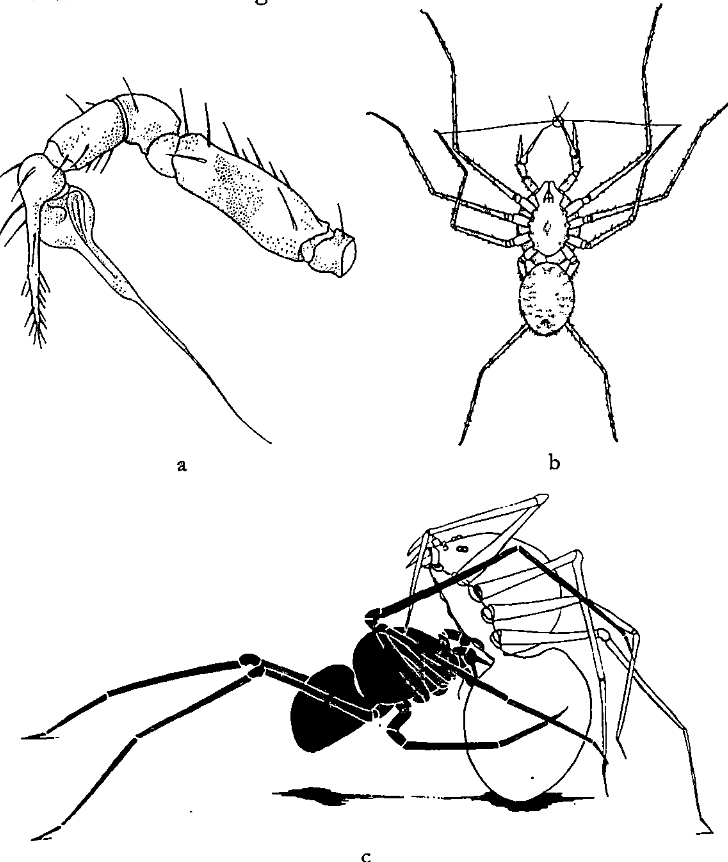

Abb. 53 a—c. a Taster des Männchens der Leimspuckspinne *Scytodes* mit dem Anhang, der zur Samenübertragung dient. b Das *Scytodes*-Männchen füllt seine Taster an einem Samentropfen, den es zuvor auf einen besonderen Spinnfaden abgesetzt hat (nach S. DABELOW 1958); c Paarung der Leimspuckspinne. Das Männchen führt seine Taster in die Geschlechtsöffnung des Weibchens ein (nach S. DABELOW 1958)

Den Skorpionen fehlt selbst diese Möglichkeit; denn sie haben weder Kopulationswerkzeuge noch geeignete Taster. Sie leben als lichtscheue Räuber normalerweise sehr unverträglich unter

Steinen und in der Bodenstreu von anderen größeren Bodentieren,
die sie mit ihren starken Scheren packen und durch Stiche mit dem

a

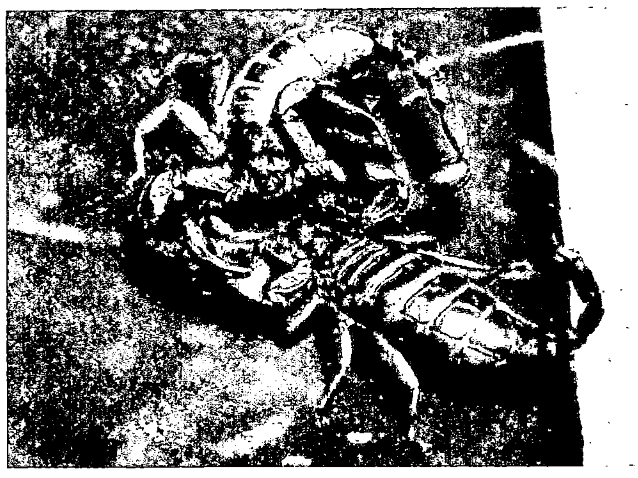

b

Abb. 54a u. b. Skorpionpärchen. a Das Männchen (links) streichelt gerade
das Weibchen von unten; b er sticht sie ins rechte Handgelenk (nach H.
Angermann 1957)

77

giftigen Schwanzstachel lähmen und töten. Während der Fortpflanzungszeit suchen die Männchen Weibchen auf und packen
sie an den Scheren. Dann beginnt ein oft stundenlanger Paarungs-
marsch, den schon der berühmte französische Insektenforscher
FABRE gekannt und die „promenade á deux" genannt hat. Das
Männchen ist dabei der aktivere Teil; er zieht seine Partnerin öfter
an sich heran und streichelt sie mit seinen Vorderbeinen am
Bauche. Weniger zärtlich freilich mutet es uns an, wenn er sie
zwischendurch mehrmals ins Handgelenk sticht. Was dies bedeutet und bezweckt, wissen wir noch nicht; jedenfalls reagieren
die Weibchen nicht sichtbar darauf. Schließlich drückt das Männchen seinen Bauch gegen den Boden und hebt ihn langsam wieder
hoch. Dabei kommt aus seiner Geschlechtsöffnung, die am
3. Hinterleibsring liegt, ein Stiel hervor, der am Boden fest-
geklebt ist, oben verdickt ist und einen auffälligen flügelartigen
Anhang trägt. Dann geht das Männchen langsam rückwärts und
zieht seine Partnerin nach, so daß sie dieses Gebilde mit ihrem
Bauche berühren muß. Hat sie eine bestimmte Stellung erreicht,
so sieht man sie plötzlich einen Ruck rückwärts machen, während
das Männchen unvermittelt losläßt und davonläuft. Die ganze
Handlungskette, die ich nach den Beobachtungen H. ANGER-
MANNS (1957) dargestellt habe, wird sofort verständlich, wenn
man weiß, daß im verdickten Stielende ein Samenbehälter sitzt,
und daß der Flügelanhang daran ein Hebel zum Öffnen desselben
ist. Drückt das Weibchen mit seiner Bauchplatte den Flügel im
richtigen Moment nieder, so reißt der Öffnungsapparat die dünne
Wand des Samenbehälters auf und es quellen zwei zusammen-
fließende Samenballen hervor. Die Geschlechtsöffnung des Weibchens liegt nämlich so, daß der Ballen normalerweise genau in sie
hineingedrückt wird.

Wir haben hier den ersten Fall einer „Indirekten Spermatophoren-Übertragung" vorliegen, deren Kennzeichen sind: Absetzen eines Samenpaketes auf dem Boden und dessen aktive Aufnahme durch das Weibchen. Außergewöhnlich und bemerkenswert sind die Ausmaße, der komplizierte Bau und der Mechanis-
mus der Skorpions-Spermatophoren. Bei dem kleinen medi-
terranen *Euscorpius italicus*, der bis nach Kärnten vorkommt, sind
sie 5—6 mm hoch. Eine genauere Untersuchung ergibt, daß sie

aus zwei Hälften zusammengesetzt sind. Es fragt sich, wo und wie sie entstehen. Ihre relative Größe erlaubt es ja nicht, anzunehmen,

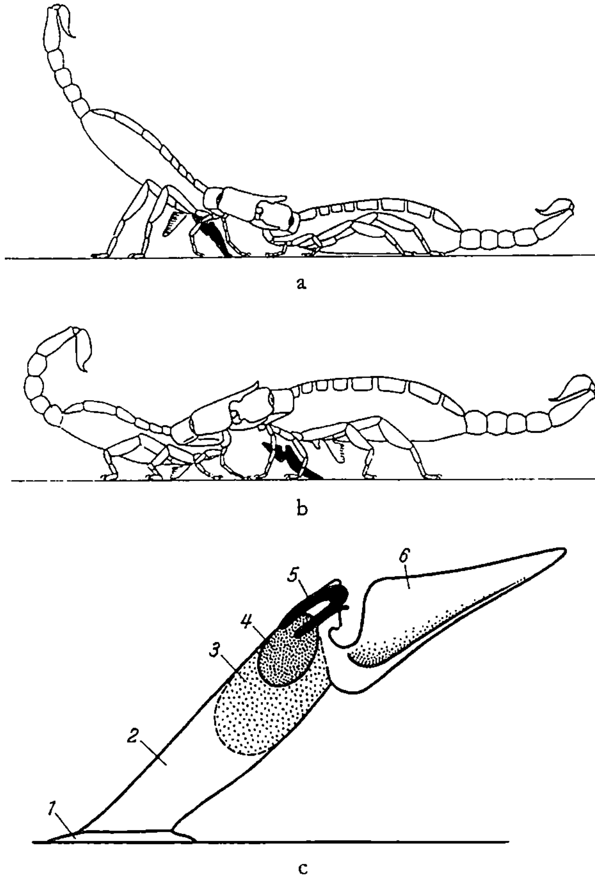

Abb. 55a—c. Paarung der Skorpione. a das Männchen (links) hat gerade die Spermatophore (schwarz) abgesetzt; b es zieht das Weibchen zur Spermatophore hin; c die Spermatophore halbschematisch; 1 = Bodenplatte, 2 = Stiel, 3 = Samenbehälter, 4 = Samenballen, 5 = Öffnungsapparat, 6 = flügelartiger Öffnungshebel (nach H. ANGERMANN 1957)

daß die Männchen stets beliebig viele von ihnen parat haben. Andererseits steht aber fest, daß sie mindestens alle 4 Tage paarungsbereit sind.

Die anatomische Untersuchung der männlichen Geschlechtsorgane läßt neben den Keimdrüsen paarige Drüsenräume erkennen,

Abb. 56. Spermatophore des Mittelmeerskorpions *Euscorpius italicus* in normaler
Stellung, ungeöffnet; natürliche Länge ca. 5 mm (nach H. ANGERMANN 1957)

Abb. 57. Wie Abb. 56; jedoch ist durch Druck auf den Flügelanhang der
Samenbehälter geöffnet und der hervorgequollene Samenballen deutlich
sichtbar (nach H. ANGERMANN 1957)

die genaue Matritzen der Spermatophoren darstellen. In ihnen
entstehen getrennt voneinander die beiden Hälften der Spermatophore und die beiden Samenballen. Der Bildungsprozeß dauert

mindestens 3 Tage, so daß die Männchen tatsächlich nur alle
4 Tage paarungsfähig sind. Erst beim Absetzen werden dann die

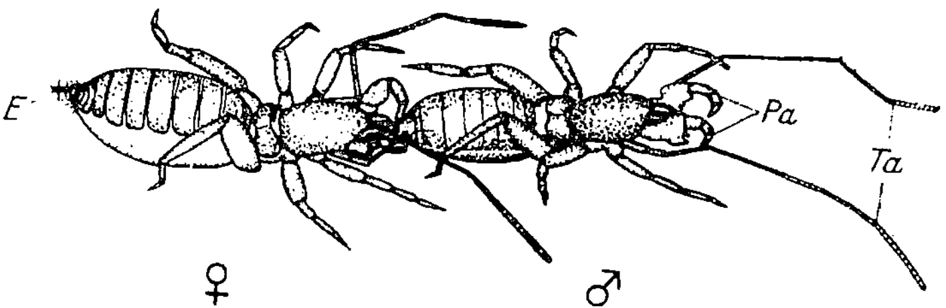

Abb. 58. Pärchen des Geißelskorpions *Trithyreus sturmi*. Das Weibchen hat
sich bereits am Schwanzknopf des Männchens eingehakt. *E* = Endfaden
des Weibchens; *Pa* = klauenförmige Palpen des Männchens; *Ta* = seine
Tastbeine. Natürliche Größe ca. 5 mm (nach H. STURM 1958)

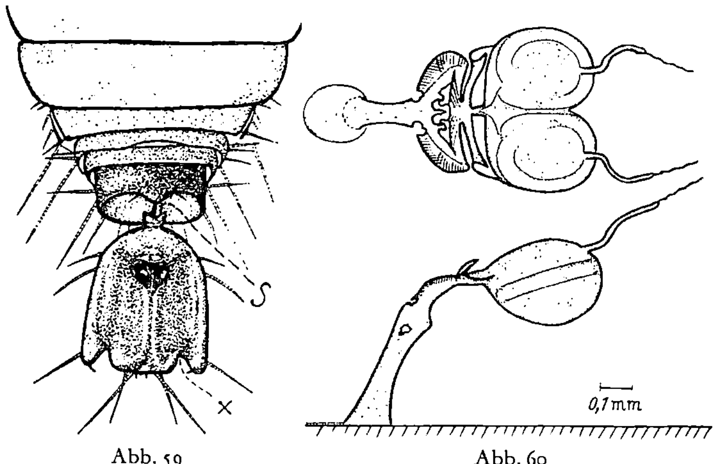

Abb. 59   Abb. 60

Abb. 59. Der Knopfanhang des Weibchens von *Trithyreus*. Bei *S* hängt sich
das Weibchen mit seinen Klauen ein

Abb. 60. Die Spermatophore des Geißelskorpions *Trithyreus* von oben und
von der Seite. Deutlich sind zwei Samenballen zu erkennen

Hälften, wenn sie durch die Geschlechtsöffnung gepreßt werden,
durch einen Klebstoff zusammengekittet und das Sperma eingefüllt.
    Von den *Geißelskorpionen* oder *Pedipalpen* ist erst ein Fall
indirekter Spermatophorenübertragung bekanntgeworden. Er
betrifft einen besonders typischen Bodenbewohner unter den

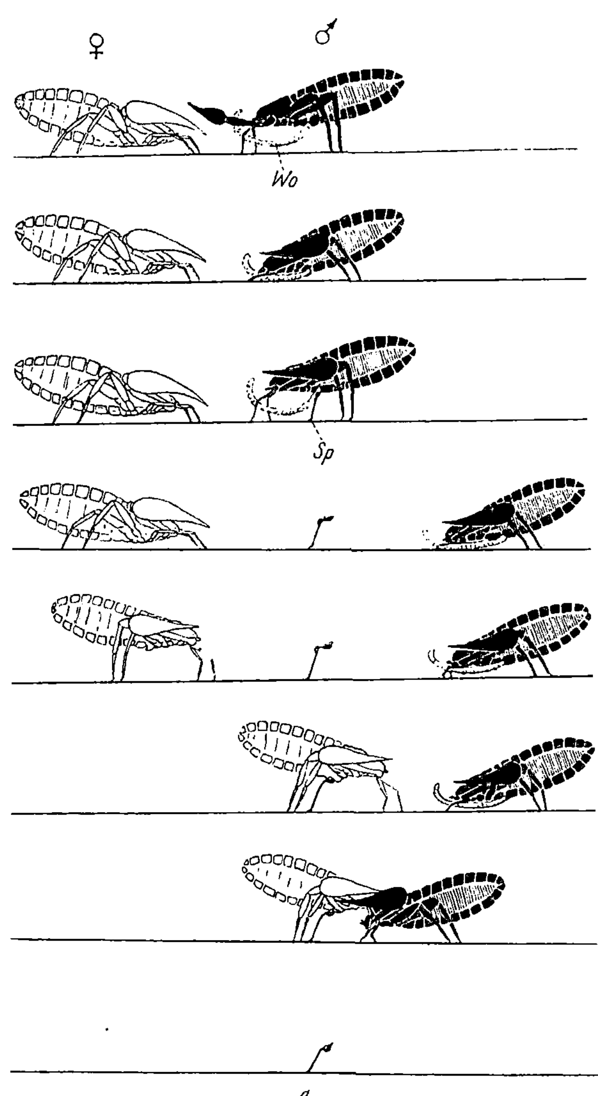

Abb. 61. Paarung des Pseudoskorpions *Chelifer*; *Wo* = widderhornförmiges Reizorgan des Männchens; *Sp* = Spermatophore; *a* = der Stiel der Spermatophore bleibt nach dem Paarungsspiel zurück (nach Vachon 1938)

Vertretern dieser tropischen Spinnentierordnung, den kleinen Schizomiden *Trithyreus sturmi*, den H. Sturm (1958) in Kolumbien entdeckt und beobachtet hat.

Den Systematikern war schon lange aufgefallen, daß die Männchen dieser Gattung anstelle des „üblichen" Schwanzfädchens einen eigentümlichen gestielten Knopf tragen. Seine Funktion ist nun seit den Sturmschen Beobachtungen verständlich. Demnach paaren sich die Schizomiden so: Zunächst läuft das Männchen dem Weibchen nach und betrillert es mit seinen beiden Tastern von hinten. Daraufhin dreht sie sich um, was ihn veranlaßt, dasselbe zu tun, so daß nun sie ihm nachläuft. Dabei hakt sie sich mit ihren Cheliceren (Kiefern) in zwei Gruben jenes eben erwähnten knopfförmigen Anhanges ein, so daß sie in fester Tuchfühlung hinter ihm her marschiert. Wenn man an die Vorgänge der Skorpionspaarung denkt, läßt sich das Folgende trotz der entgegengesetzten Stellung der Partner geradezu voraussagen: Das Männchen setzt auch hier eine gestielte Spermatophore ab und zieht anschließend seine Partnerin weiter über sie hinweg, so daß sie die beiden Spermaballen mit ihrer Vulva aufnehmen kann. Einen Hebelmechanismus zum Öffnen des Spermabehälters gibt es aber hier offenbar nicht (näheres siehe Abb. 58—60).

Das Verhalten der *Pseudoskorpione* gleicht mehr dem der Skorpione: Auch bei ihnen packt das Männchen ein Weibchen an den Scheren, führt einen längeren Tanz (vor und zurück) auf, setzt eine gestielte Spermatophore ab und zieht die Partnerin zu ihr hin. Manche Arten unterlassen sogar die körperliche Berührung und Verklammerung, das Männchen streckt lediglich zwei widderhornförmige Drüsenschläuche aus und tanzt seiner Partnerin vis à vis vor und zurück. Offenbar durch olfaktorische (geruchliche) Reize gesteuert, folgt sie bald in engem Abstand allen seinen Bewegungen, so daß sie auch hier die Spermatophore leicht finden kann (vgl. Abb. 61).

2. Paarungsweisen ohne „persönliche" Fühlungnahme der Partner

Die Skorpione, Pedipalpen und Pseudoskorpione gehören systematisch eng zusammen und bilden den Anfang der sogenannten

Spinnentiere. Die *Milben* hingegen, die wir nun zu besprechen haben, stehen am Ende des Spinnentier-Systems. Ihre Familien- und Artenzahl ist ungemein groß und heute noch gar nicht endgültig zu übersehen. Die meisten von ihnen paaren sich mit direkter Samenübertragung von Partner zu Partner. Das gilt auch für viele bodenbewohnende Arten, die in der Mehrzahl carnivor (Fleischfresser) sind. Die pflanzenfressende Gruppe der *Horn- oder Moosmilben* jedoch zeigt eine sehr einzigartige Form indirekter Samenübertragung, wie wir sie nur noch bei den Springschwänzen kennenlernen werden. Man braucht nämlich ihre Männchen und Weibchen gar nicht „persönlich" zusammenzubringen und kann trotzdem befruchtete Eier von ihnen bekommen. In der Praxis muß man die Geschlechtspartner sowieso getrennt halten, weil es nicht möglich ist, lebende Männchen und Weibchen äußerlich auseinanderzuhalten, so daß man den Zeitpunkt einer eventuellen Paarung nur festlegen kann, wenn man einzeln gehaltene Individuen unter Kontrolle zusammenbringt. In einem solchen Falle wartet man aber selbst nach langer Isolierung und unter optimalen Bedingungen vergeblich auf ein entsprechendes Verhalten der „Partner". Sie nehmen kaum Notiz voneinander, geschweige denn, daß sie sich irgendwie paarten. Wenn es aber das Glück will, kann man den einen oder anderen der trägen Gesellen bei einer komischen Bewegungsweise überraschen. Er drückt seinen kurzen, gedrungenen Hinterleib auf den Boden hinunter, hebt ihn ganz langsam wieder empor, verharrt einen Augenblick in der Normalstellung, hebt dann das Hinterende noch ein Stückchen weiter schräg aufwärts und stelzt schließlich davon. An der Stelle, wo das geschah, kann man bei stärkerer Vergrößerung im Binokular ein durchsichtig-glänzendes kleines Tröpfchen auf einem schlanken Stiel schweben sehen. Wir haben die Spermatophore einer Oribatide vor uns, wie sie Abb. 64 zeigt. Das Bemerkenswerte ist, daß das Männchen sie absetzte, ohne Rücksicht darauf zu nehmen, ob ein Weibchen in der Nähe war oder nicht. Ja, selbst Männchen, die stets allein gehalten werden, setzen ihre Spermatophoren ab. Dementsprechend sind auch die Weibchen nicht darauf angewiesen, daß ihnen die Männchen ihre Spermatophoren „zeigen". Sie finden sie ganz allein, indem sie vorsichtig tastend herumstelzen und die ertasteten

Samentröpfchen dann aus den kleinen Becherchen mit ihrer weit geöffneten Geschlechtsöffnung abstreifen.

Die hüllenlosen Spermatröpfchen der Moosmilben stehen also regelmäßig erst einige Zeit herum, bis sie eventuell von einem

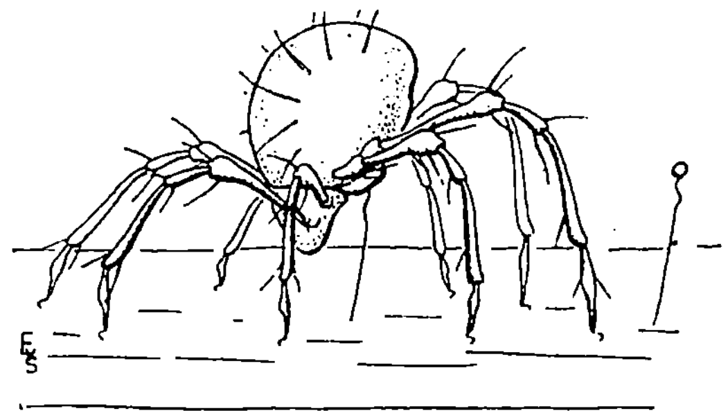

Abb. 62. Männchen der Moosmilbe *Belba geniculosa* beim Absetzen gestielter Samentröpfchen (nach F. PAULY 1956)

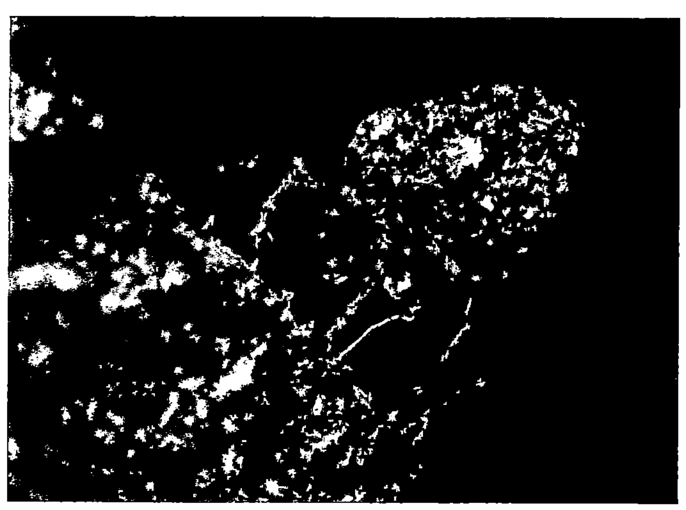

Abb. 63. Wie Abb. 62. Lebendaufnahme von F. PAULY 1956

Weibchen gefunden werden. Das aber erscheint nur im Boden möglich, wo die konstant hohe Luftfeuchtigkeit das Vertrocknen der Samenflüssigkeit verhindert — was ein erster Hinweis darauf sein soll, daß man die Indirekte Spermatophoren-Übertragung als eine charakteristische biologische Eigenheit von Bodentieren ansehen kann.

Da die Oribatiden-Männchen ihre Spermatophoren völlig ungerichtet absetzen, erscheint deren Auffindung durch die Weibchen nur dann einigermaßen gewährleistet, wenn recht viele Samentröpfchen an deren Wege stehen. In der Tat kann ein

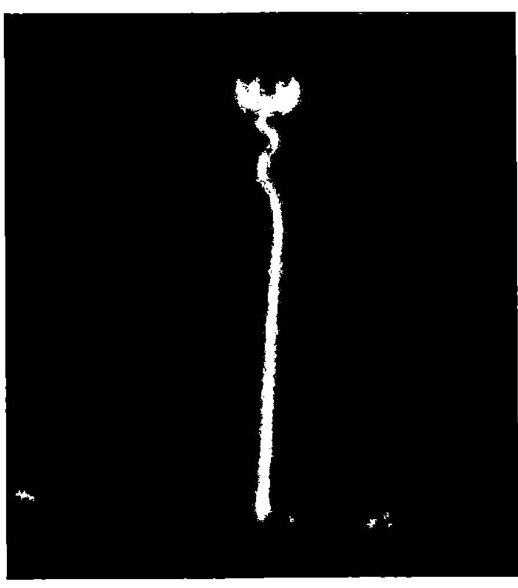

Abb. 64. Spermatophore der Moosmilbe *Belba*; natürliche Stiellänge 0,8 mm

Männchen an einem Tag ein gutes Dutzend und mehr davon produzieren. Man muß sich also den Boden zu bestimmten Zeiten (vor allem im Frühjahr und Spätherbst) dicht mit solchen „Schimmelpilzen" bedeckt vorstellen. Ich bin überzeugt, daß F. PAULY gar nicht der erste gewesen ist, der eine Oribatiden-Spermatophore sah. Ihm gebührt aber das Verdienst, sie als solche erkannt zu haben. Die anderen Beobachter hielten sie gewiß für Schimmelpilze, die bekanntlich ähnliche Köpfchen bilden.

b) *Tausendfüßer:* Wie schon gesagt wurde, unterscheiden wir die pflanzenfressenden und räuberischen Myriapoden, zwischen denen erhebliche morphologische Unterschiede bestehen: in unserem Zusammenhang ist der wichtigste der, daß bei jenen die Geschlechtsöffnung am Vorderkörper, bei diesen am Hinterende liegt.

86

Die großen pflanzenfressenden *Diplopoden* (Juliden, Glomeriden u. a.) paaren sich in sehr engem körperlichem Kontakt. Trotzdem erfolgt die Samenübertragung bei ihnen nicht direkt von Geschlechtsöffnung zu Geschlechtsöffnung, sondern mit sogenannten Gonopodien, das sind eigens für diesen Zweck umgebildete Beine.

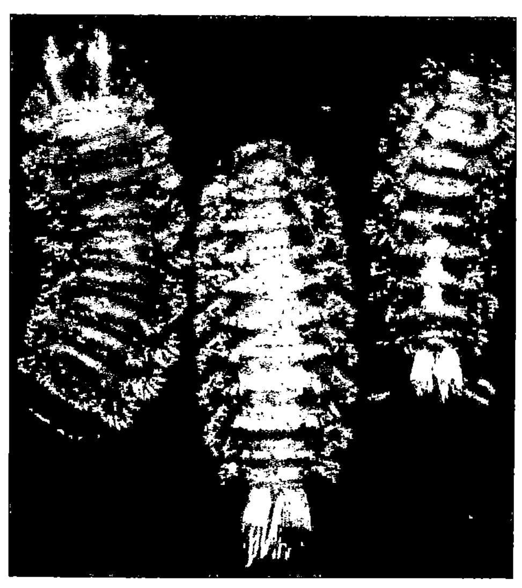

Abb. 65. Der 4 mm große Pinselfüßer *Polyxenus lagurus*, der wegen seiner hübschen Beborstung zu den schönsten Tausendfüßern zählt (nach K. H. Schömann 1956)

Die kleinsten und ursprünglichsten Vertreter aber, die *Pinselfüßer* oder *Pselaphognathen* bedienen sich einer im ganzen Tierreich einmaligen Methode. Sie leben bei uns unter Rinde und in lockeren, trockenen Humusböden von Algen. Leider ist unsere einheimische Art *Polyxenus lagurus* wenig bekannt; ich halte sie nämlich ihrer zierlichen Beborstung wegen für eines der hübschesten Tiere unserer Fauna.

Das Sexualverhalten von *Polyxenus* war bis vor wenigen Jahren unbekannt, nicht zuletzt deswegen, weil er sich in Deutschland parthenogetisch (d. h. durch Jungfernzeugung) fortpflanzt. Bei uns gibt es also nur Weibchen. Aber K. H. Schömann entdeckte

87

1954 zufällig auf der Insel Sylt ein bisexuelles Vorkommen, so daß er die Paarungsbiologie studieren konnte.

Männchen und Weibchen haben an der Basis des zweiten Beinpaares je zwei Geschlechtsöffnungen auf Papillen, an deren Form sie relativ leicht zu unterscheiden sind. Die Morphologen hatten nicht daran gezweifelt, daß die spitzeren Geschlechtspapillen der Männchen einfach Penes seien, mit denen sie normal kopulieren könnten. Heute lassen SCHÖMANNS Beobachtungen diesen Schluß freilich reichlich voreilig erscheinen; denn wir wissen nun, daß auch bei *Polyxenus* die Männchen und Weibchen keinen Kontakt miteinander haben.

Die Männchen suchen eine kleine Vertiefung auf und beginnen dort höchst merkwürdige Bewegungen zu machen. Sie fahren mit dem Vorderkörper mehrmals hin und her, wenden sich dann um und laufen schließlich in dieser Richtung geradlinig weg. Von der Seite ist zu sehen, daß sie bei dem Hin und Her ihre Penes rechts und links gegen den Boden drücken und dazwischen Fäden spinnen. Nach dem Umdrehen pressen sie aus Drüsentaschen des 8. und 9. Beinpaares zwei dickere Sekretstreifen und ziehen sie etwa 1,5 cm geradlinig aus.

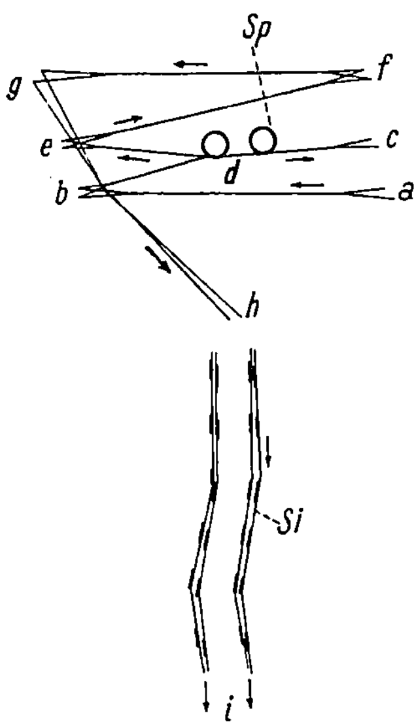

Abb. 66. Das Gespinst der *Polyxenus*-Männchen mit den zwei Samentröpfchen (*Sp*). Die Pfeile und Buchstaben geben die Richtung und Reihenfolge des Verhaltensablaufs an. *Si* = Signalfadenstraße (stark verkürzt) (nach K. H. SCHÖMANN 1956)

An der Stelle, die sie verlassen haben, wird ein Gespinst sichtbar, dessen Form und Ausmaße Abb. 66 zeigt. Auf den Zick-Zack-Fäden glänzen an bestimmter Stelle zwei helle Tröpfchen. Wir können erraten, daß es Spermatröpfchen sind, und sehen es bestätigt, wenn gerade ein „reifes" Weibchen vorbeikommt. Stößt es nämlich mit seinen Fühlern auf die große Doppelfadenstraße,

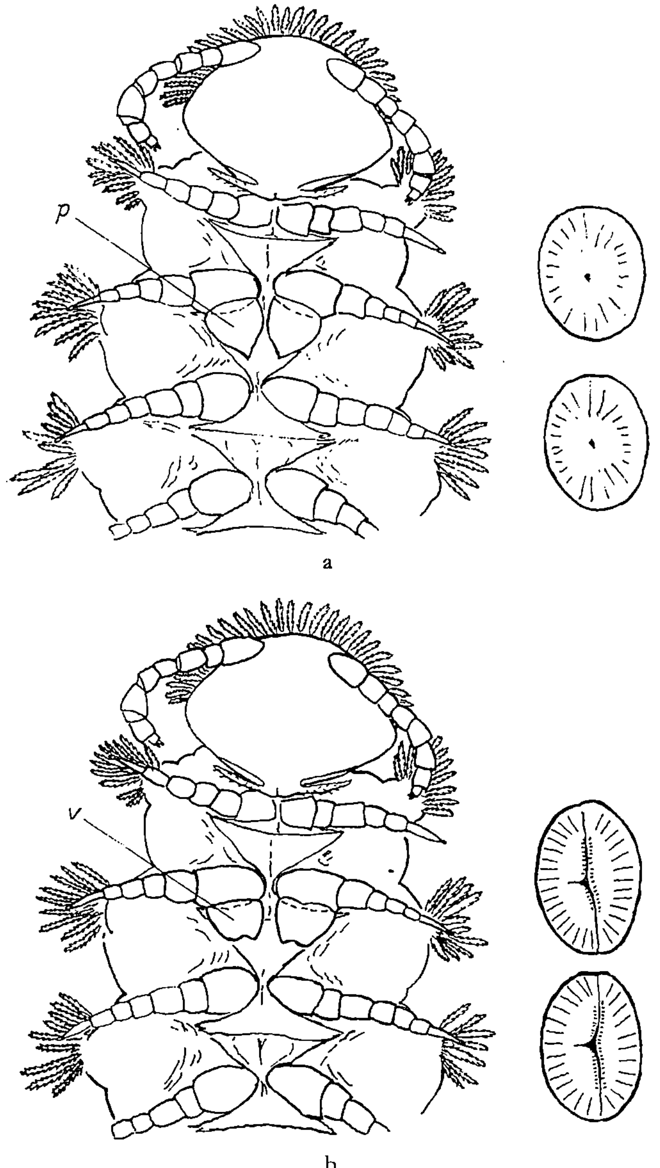

Abb. 67a u. b. Die männlichen (*p*) und weiblichen (*v*) Geschlechtsanhänge des Pinselfüßers *Polyxenus* an der Basis des 2. Beinpaares. a Männchen; rechts Aufblick auf die Spitzen der Spinngriffel; b Weibchen; rechts Aufblick auf die schlitzförmigen Geschlechtsöffnungen (nach K. H. Schömann 1956)

so wird es sofort lebhafter und beginnt, eifrig mit den Antennen trillernd, die Straße entlang zu laufen. Hat es Glück, so marschiert es gleich nach der richtigen Seite und findet dort die Zick-Zack-Fäden. Sie sind offenbar ein Haltesignal und lösen nun Suchbewegungen mit den vorgestreckten Geschlechtspapillen (Vulven) aus, die regelmäßig zum Auffinden und Abtupfen der beiden Tröpfchen führen. Wir haben also im Prinzip auch hier das, was ich ‚Indirekte Spermatophoren-Übertragung‘ nenne. Ganz neu ist aber die Art und Weise, wie die *Polyxenus*-Männchen dafür sorgen, daß ihre Weibchen die abgelegten Samenpakete auch sicher finden. Unbedenklich dürfen wir ihre Fadenstraßen als wegweisende Signalanlage bezeichnen. Dafür spricht eindeutig die Tatsache, daß die Weibchen an den Samentröpfchen selbst achtlos vorbeilaufen, ja, daß sie manchmal sogar über sie „stolpern", ohne sie zu bemerken. Nur die dicken Doppelfäden erregen und leiten sie. Sie entstammen den oben erwähnten Drüsen am 8. und 9. Beinpaar,

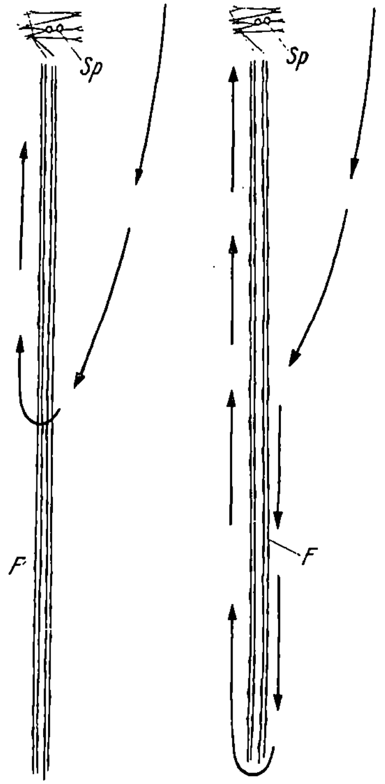

Abb. 68. Die Signalfunktion der Fadenstraßen (*F*). Die Pfeile demonstrieren, wie die *Polyxenus*-Weibchen zu den Samentropfen hinfinden können (nach K. H. Schömann 1956)

während das Zick-Zack-Gespinst aus den beiden „Penes" kommt, die sich somit nicht als solche, sondern als Spinngriffel erweisen.

Besonders merkwürdig ist das Verhalten der Männchen zu den eigenen Spermatophoren. Sie suchen ebenfalls entlang der Fadenstraßen nach den Tröpfchen, und wenn sie sie gefunden haben, fressen sie sie auf. Anschließend spinnen sie jedesmal an der gleichen Stelle eine neue Fadenanlage und setzen frische Samentropfen

ab. So entstehen oft aus vielen Fäden bestehende dicke Fadenstraßen. Der biologische Sinn dieses Verhaltens liegt auf der Hand:
1. erhöht es die Signalwirkung der Fäden und 2. steht so immer
frisches Sperma für die Weibchen bereit.

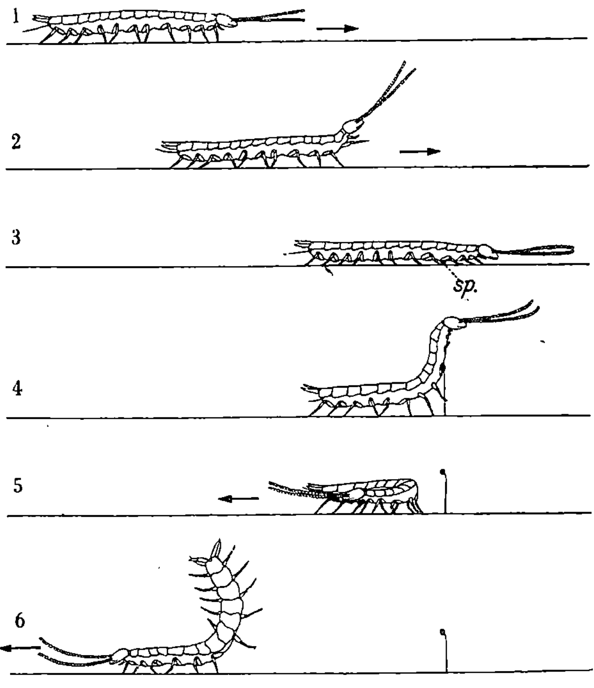

Abb. 69. Das Männchen des kleinen blinden Tausendfüßers *Scutigerella* setzt
ein gestieltes Samentröpfchen ab (nach L. Juberthie-Jupeau 1959)

Noch absonderlicher ist das, was nun vom Liebesleben einer
anderen kleinen Tausendfüßergruppe zu erzählen ist. Es handelt
sich um die *Symphylen*, die von allen Myriapoden als die „echtesten"
Bodenbewohner anzusprechen sind. Sie sind klein (maximal 1 cm
lang), pigmentlos und blind und leben gern in der lockeren Humus-
schicht. Bei uns sind sie relativ selten, da sie etwas wärmere
Standorte bevorzugen.

Ich habe mich selbst einige Zeit mit ihnen beschäftigt, weil ich
ihre Sexualbiologie studieren wollte, um meine ökologisch und

systematisch begründete Annahme zu beweisen, daß auch sie die Methode der Indirekten Spermatophoren-Übertragung pflegten. Leider hatte ich kein Glück, vielleicht weil ich einen parthenogenetischen Stamm erwischt hatte. Dafür gelang es vor kurzem

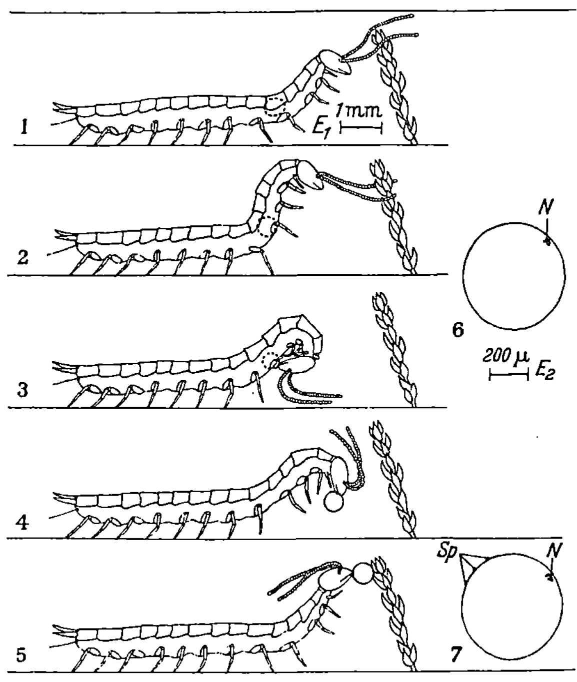

Abb. 70. Das Weibchen von *Scutigerella* hat erst Spermatophoren abgefressen und die Samenflüssigkeit in Backentaschen deponiert; nun schmiert es bei der Eiablage je eine kleine Samenportion auf jedes Ei und befruchtet es so (nach L. Juberthie-Jupeau 1959). 1 und 2 Das Weibchen sucht einen geeigneten Pflanzenstengel. 3 Mit dem Mund nimmt es ein Ei aus seiner Geschlechtsöffnung am 3. Leibesabschnitt. 4 und 5 Es klebt das Ei an den Pflanzenstengel. 6 und 7 Das Ei vergrößert. *Sp* = Spermien auf der Eioberfläche

einer französischen Kollegin (L. Juberthie-Jupeau 1956—1959), das Geheimnis der Symphylen zu lüften. Sie paaren sich ebenso wenig wie die Moosmilben, Pinselfüßer und Springschwänze. Vielmehr ziehen die Männchen, wie Abb. 69 zeigt, aus ihrer vorn gelegenen Geschlechtsöffnung einen fadendünnen Stiel aus und heften daran ein Spermatröpfchen. Die Weibchen, die solch eine

gestielte Spermatophore finden, tun etwas völlig Unerwartetes:
sie fressen das Köpfchen ab. Dies ist aber nur scheinbar unsinnig,
denn sie schlucken das Sperma nicht hinunter, sondern deponieren
es in besonderen Backentaschen. Wenn sie dann anschließend die
Eier ablegen, wird der Sinn des Ganzen offenbar: Sie nehmen
nämlich jedes Ei einzeln mit dem Mund aus der eigenen Geschlechtsöffnung, um es an irgend eine vorragende Ecke an-
zuheften. L. JUBERTHIE-JUPEAU konnte nachweisen, daß dabei
die Eier befruchtet werden, indem auf jedes eine kleine Samenportion geschmiert wird.

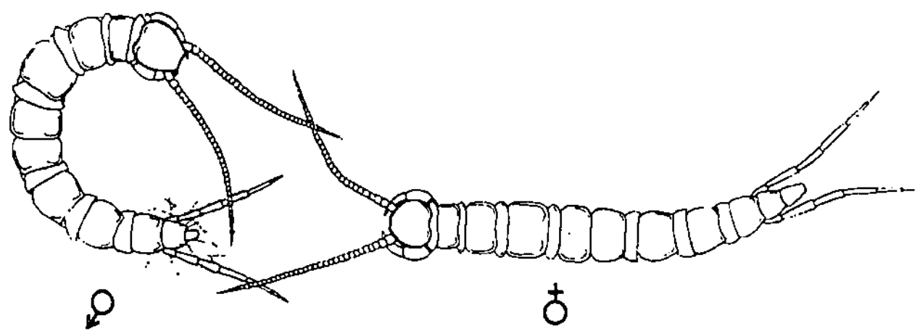

Abb. 71. Steinkriecher-(*Lithobius*)-Paar. Der Übersichtlichkeit halber sind
die Beine weggelassen. Es ist gerade der Moment dargestellt, da das Männchen
(rechts) sich umwendet, um dem Weibchen das Zeichen zum Weitergehen
zu geben. Am Hinterende des Männchens sind Teile des Gespinstes zu erkennen,
auf dem das Samenpaket liegt (nach H. KLINGEL 1959)

Die geschilderte Art indirekter Samenübertragung ist wohl das
Ausgefallenste, was man sich denken kann. Im Rahmen unserer
Bodentierbiologie ist es wichtig festzuhalten, daß auch diese
euedaphischen Tausendfüßer freistehende gestielte Samenpakete
verwenden. Wir werden noch sehen, daß gerade der Fall der
Symphylen stammesgeschichtlich bedeutsam ist.

Die *räuberischen Tausendfüßer (Chilopoden)* gehören, wie wir heute
durch die Arbeiten H. KLINGELS wissen, sexualbiologisch alle zum
Verhaltenstyp der Indirekten Spermatophoren-Übertragung. Die
ausgemachtesten Bodenbewohner unter ihnen sind die *Geophiliden*.
Sie leben meist tief unten, weil sie am liebsten weichhäutige
Insektenlarven und Würmer jagen. Ihr Körper ist diesem Dasein
bestens angepaßt. Mit ihrer schnurförmigen Gestalt kommen sie
durch die engsten Ritzen (vgl. Abb. 12 a).

Männchen und Weibchen finden sich in engen Gängen. Die
Männchen machen mit ihrem am Hinterende gelegenen „Penis"

ein kleines Gespinst und setzen darauf eine Spermatophore ab. Währenddessen wartet das Weibchen in einigem Abstand dahinter. Wenn nun das Männchen nach getaner „Arbeit" weggekrochen ist, rückt sie nach und steigt über das Gespinst hinweg, bis sie den Samentropfen mit der Geschlechtsöffnung antrifft und aufnehmen

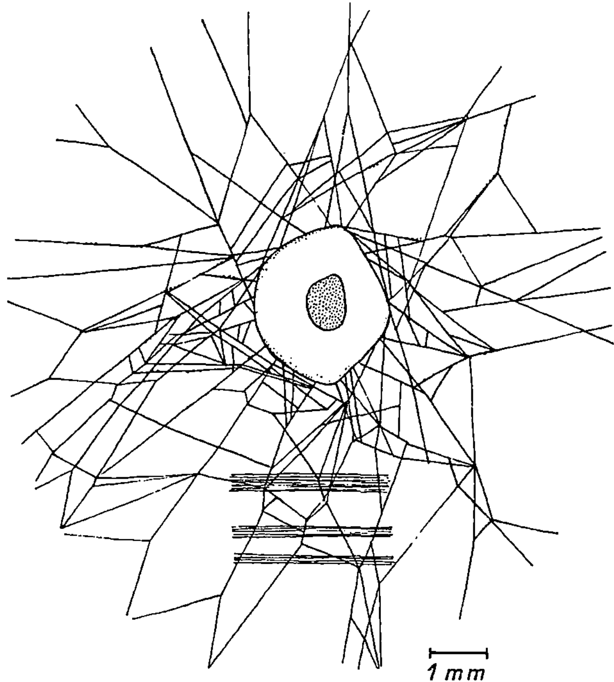

Abb. 72. Gespinst und Spermatophore des Steinkriechers. Beachte die 3 breiten Querbänder, die ein Haltesignal für das Weibchen sind (nach H. KLINGEL 1959)

kann. Da sich das Ganze in engen Gängen abspielt, kann das Weibchen kaum daneben laufen, auch wenn es nicht immer Tuchfühlung zum Männchen hält.

Die bekannteren *Steinkriecher* der Gattung *Lithobius*, die bei uns überall im lockeren Boden, in der Laubstreu und vor allem unter Steinen hausen, paaren sich ähnlich. Männchen und Weibchen betrillern sich gegenseitig mit den Antennen an den Hinterenden, wobei sie meist einen Kreis zusammen bilden; dabei wippen die Männchen zwischendurch mit dem Hinterende oder schlagen es

94

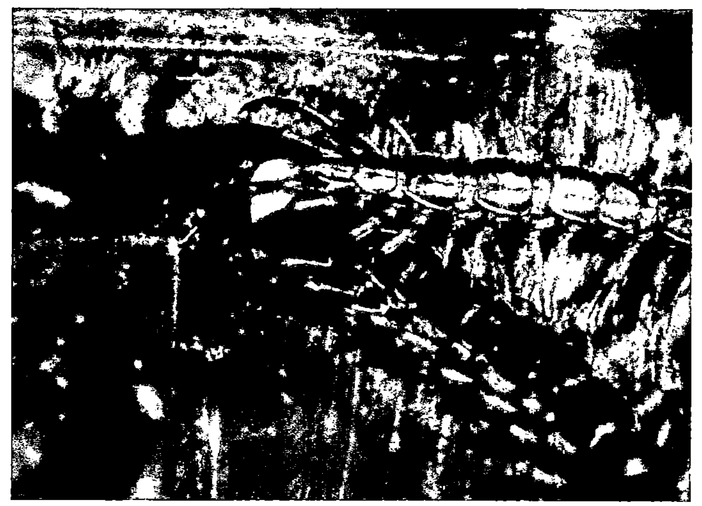

a

b

Abb. 73 a u. b. Paarung der Steinkriecher: a Das Weibchen kriecht gerade über das Hinterende des Männchens hinweg und nimmt die deutlich sichtbare Spermatophore aus dem Gespinst. Von beiden Tieren sind nur die Hinterenden zu sehen. b Das Weibchen ist mit dem Samenballen schon davongelaufen, während das Männchen noch stehen bleibt. Zwischen seinen Hinterbeinen ist das Gespinst zu erkennen mit einem großen Loch in der Mitte, in dem zuvor die Spermatophore hing (nach H. KLINGEL 1959)

hin und her. Nach etwa einer Stunde beginnt eine Art Liebesspaziergang: Er läuft jeweils ein Stückchen weg und wartet, bis sie nachgekommen ist und weitertrillert, dann geht er wieder ein Stückchen weiter und so fort. Schließlich hält er inne und spinnt mit seinem „Penis" ein unregelmäßiges Gewebe am Boden, auf das er einen umhüllten Samenballen absetzt. Dann kriecht er

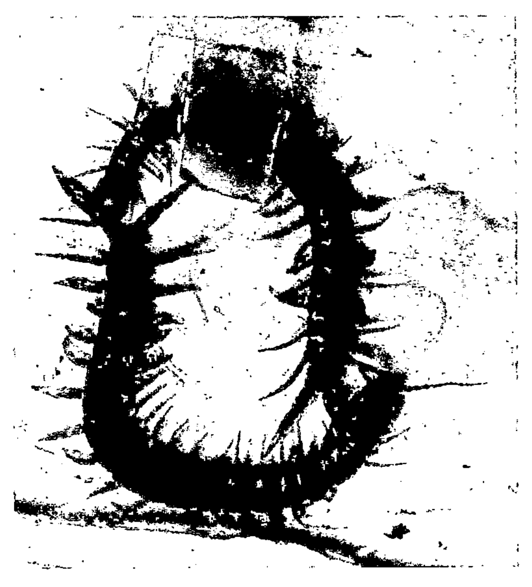

Abb. 74. Skolopenderpaar beim Liebesspiel (Blitzaufnahme durch Glasscheiben) (nach H. KLINGEL 1960)

einige Millimeter zurück und spinnt hinter der Spermatophore einige breite schleimartige Streifen. Wenn alles fertig ist, wendet er sich mit dem Kopf und Vorderkörper rückwärts der wartenden Partnerin zu und berührt ihre Fühler mit den seinen. Das ist offenbar das Signal für sie, weiterzugehen. Sie tut es und kriecht dabei über sein Hinterende hinweg, bis sich beide fast auf gleicher Höhe befinden. Nun rückt er wieder einige Millimeter vor und gibt dadurch erst die Spermatophore für die Partnerin frei, die sie mit ihren Gonopoden ergreift und aus dem Gespinst reißt. Die ganze Handlungskette kann 3 Stunden und mehr dauern. Der bemerkenswerteste Punkt bei der *Lithobius*-Paarung ist die Gewohnheit der

Männchen, ihren Weibchen im entscheidenden Moment gleichsam
durch „Handschlag" den Befehl zum Vorrücken zu geben. Dadurch wird die ordnungsgemäße Übernahme des Samenballens
sehr gesichert.

Mit unseren Steinkriechern sind die mehr im Süden beheimateten
Skolopender nahe verwandt. Auch sie leben unter Steinen und in

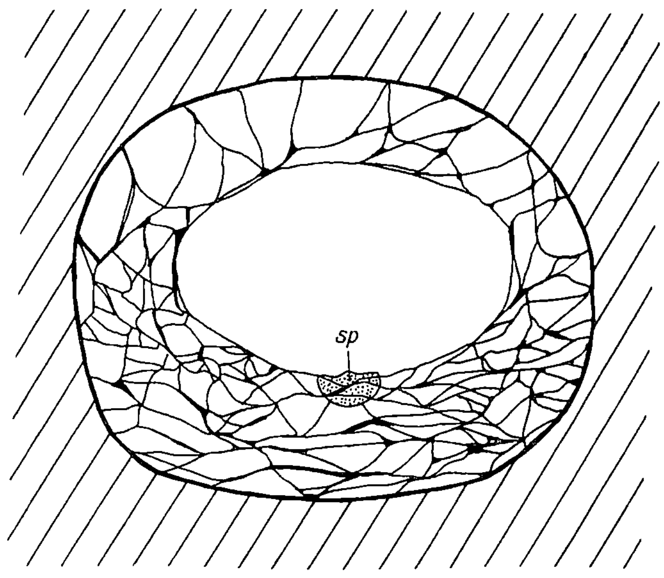

Abb. 75. Querschnitt eines Skolopenderganges mit dem verengenden Gespinst
des Männchens. *sp* = Spermatophore (nach H. KLINGEL 1960)

selbstgegrabenen Gängen im Boden. Ihre Indirekte Spermatophoren-Übertragung verläuft so: Er und sie bilden womöglich
einen Kreis und befühlen sich gegenseitig am Hinterende. Ist der
Gang, wo sie sich treffen, zu eng, so wenden sie sich abwechselnd
die Hinterenden zum Betrillern zu. Dann verengt er den Gang
durch ein Gespinst, wie Abb. 75 zeigt. Die Fäden stammen wieder
aus dem früher als „Penis" bezeichneten Spinngriffel. Auf das
Gespinst kommt die bohnenförmige Spermatophore, die eine feste
Wand hat. Dann kriecht er langsam weiter, und indem die Partnerin stets in enger Fühlungnahme mit ihm bleibt, ihm also folgt,
wird sie genau über das Gewebe hinweggeführt. Sobald sie es mit

ihren Endbeinen berührt, bleibt sie stehen und sucht mit ausgestreckter Vulva nach der Samenkapsel. Schon bei leichter Berührung bleibt diese daran hängen, platzt an vorgebildeter Stelle und entleert so die Spermien in das weibliche Geschlechtsorgan hinein.

Wenn auch bei den Chilopoden in allen bisher untersuchten Fällen richtige Paarbildung vorkommt, so unterbleiben doch festere Kontakte zwischen den Partnern, denn es fehlen ihnen entsprechende Organe zum Festhalten. „Dafür" pflegen sie ein intensives Fühlerspiel, und Gespinste unterstützen die Weibchen beim Auffinden der Samenpakete.

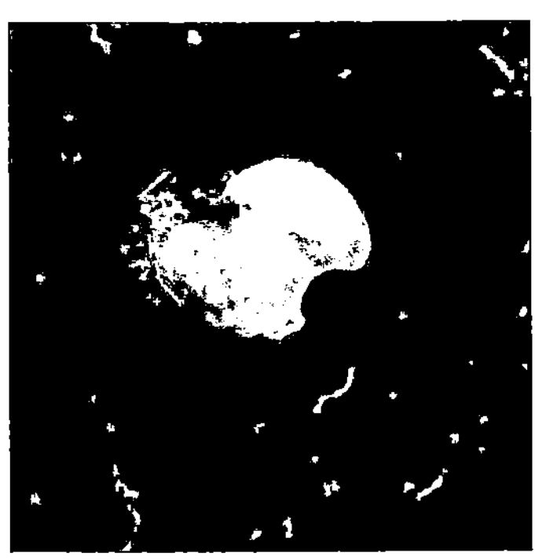

Abb. 76.   Skolopender-Spermatophore. Natürliche Größe 3—4 mm [nach H. Klingel (unveröffentlicht)]

c) *Die Urinsekten oder Apterygoten* (die (primär) Flügellosen) sind zum größten Teil typische Bodentiere. Ihrer ökologischen Einheitlichkeit entspricht die sexualbiologische: Alle bisher untersuchten Arten zeigen Indirekte Spermatophoren-Übertragung. An den Anfang unserer Betrachtung stelle ich die *Borstenschwänze oder Thysanuren*, also die Felsenspringer und ihre Verwandten. Systematisch gesehen sind sie die höchststehenden Vertreter der primär flügellosen Insekten. Sie leben zwischen Steinen und in der Laubstreu von Algen und pflanzlichen Abfällen. Zu ihnen gehören auch die allgemein bekannten Silberfischchen, die mehr südländische Bodenbewohner sind, bei uns aber in Häusern leben und dort gern an die Zuckervorräte gehen.

Die *Felsenspringer oder Machiliden* haben ein eigenartiges Liebesspiel, das H. Sturm (1955) aufgeklärt hat. Männchen und Weibchen betasten sich zunächst eifrig mit den Fühlern, wobei das Männchen der aktivere, drängendere Teil ist. Er „will" dabei offensichtlich feststellen, ob die Partnerin auch wirklich in der rechten Stimmung ist, denn nur dann haben, wie wir gleich sehen werden, seine Bemühungen überhaupt einen Sinn. Sie muß

98

nämlich nicht nur unbedingt in seiner nächsten Nähe bleiben, sondern auch eine ganz bestimmte Stellung zu ihm einnehmen, wenn er nun einige Schritte zurückweicht und mit seinem „Penis" einen Faden am Boden befestigt. Mit erhobenem Hinterleib geht er dann

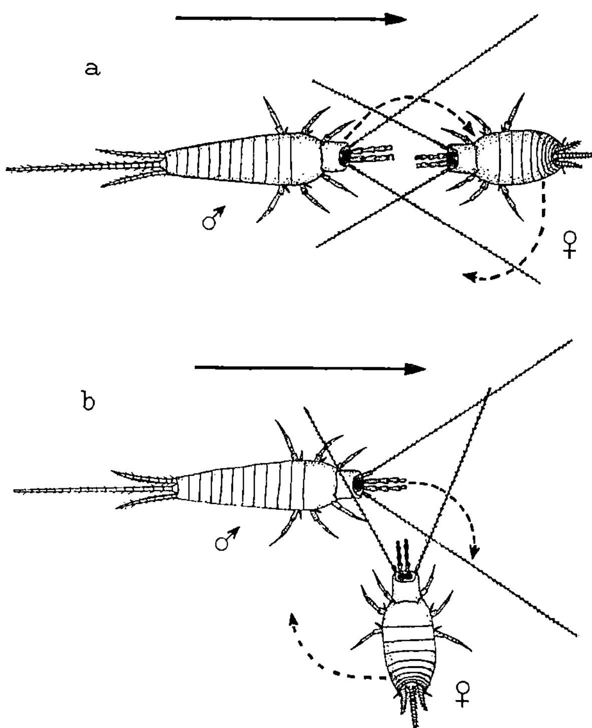

Abb. 77 a u. b. a Vorspiel zur Felsenspringer-Paarung. Das Männchen geht wiederholt im Sinne des Pfeiles vor und drängt seine Partnerin seitlich herum. b Sie folgt willig seinem eifrigen Fühler- und Tasterspiel (nach H. STURM 1955)

wieder vor und zieht dabei den Faden aus, auf dem schließlich 3—4 kleine Tröpfchen erscheinen. Wir wissen es gleich: es sind Samentröpfchen. Nun ist es seine Aufgabe, die Partnerin zur Abnahme der an dem Faden frei emporgehaltenen Tropfen zu veranlassen. Das macht er so: Er drängt sie, mit Fühlern, Tastern und Vorderbeinen eifrig trillernd, im Halbkreis so herum, daß sie schließlich fast parallel zu dem sorgsam emporgehaltenen Faden steht. Sie spürt ihn wohl mit ihren Schwanzfäden, klappt den Ovipositor, auf dem ihre Geschlechtsöffnung liegt, aus, tastet den Faden ab und findet so die Samentropfen auf ihm. Fast immer gelingt dieser schwierige Akt.

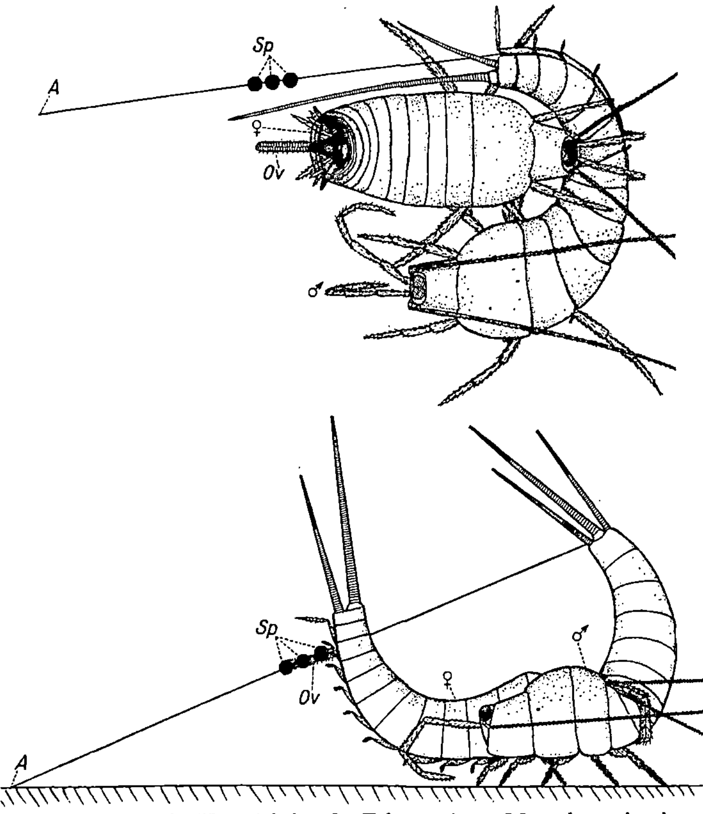

Abb. 78. Während des Vorspiels hat das Felsenspringer-Männchen mit seinem Spinngriffel („Penis") einen Faden bei *A* an den Boden geheftet, ihn schräg nach oben ausgezogen und einige Samentröpfchen (*Sp*) daran aufgehängt. Mit seinen Tastern und mit dem ganzen Vorderkörper drängt er seine Partnerin so herum, daß sie mit ihrem Hinderende und Eilegegriffel (*Ov*) genau an die Samentropfen herankommt und sie abtupfen kann. Oben: das Paar in der Endstellung von oben gesehen; unten: von der Seite (nach H. Sturm 1955)

Bei den *Lepismatiden* sind die eigentlichen Bodenbewohner leider noch nicht untersucht. Wir kennen bisher nur den Paarungsmodus von *Lepisma saccharina, dem Silberfischchen,* das zu den „10 kleinen Hausgenossen" gehört, die K. v. FRISCH so fesselnd beschrieben hat. Da das Silberfischchen aber in südlichen Gegenden

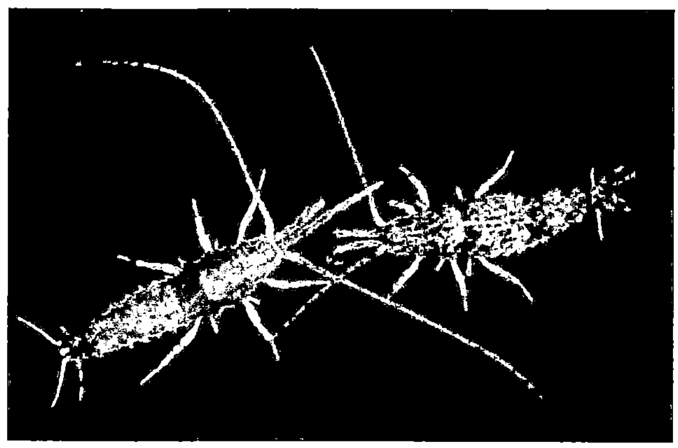

Abb. 79. Eine Phase des Vorspiels der Felsenspringerpaarung. Links das Männchen. Lebendaufnahme (nach H. STURM 1955)

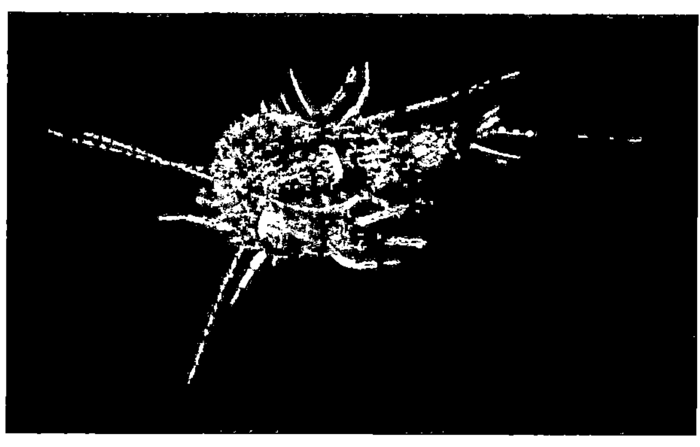

Abb. 80. Endstellung der Felsenspringerpaarung. Rechts das Weibchen. Wie in Abb. 79 sind die Tiere auf schwarzem Samt aufgenommen, damit man den Faden und die Samentropfen gut sehen kann (nach H. STURM 1955)

auch im Freien lebt und — wie wir gleich erfahren werden — auch Indirekte Spermatophoren-Übertragung betreibt, dürfen wir es hier nicht unterschlagen.

Die Paarung beginnt ähnlich wie bei den Felsenspringern. Beide betrillern sich eifrig mit den Fühlern. Er ist meist der aktivere und stößt zwischendurch heftig vor, dann läuft er an ihr vorbei,

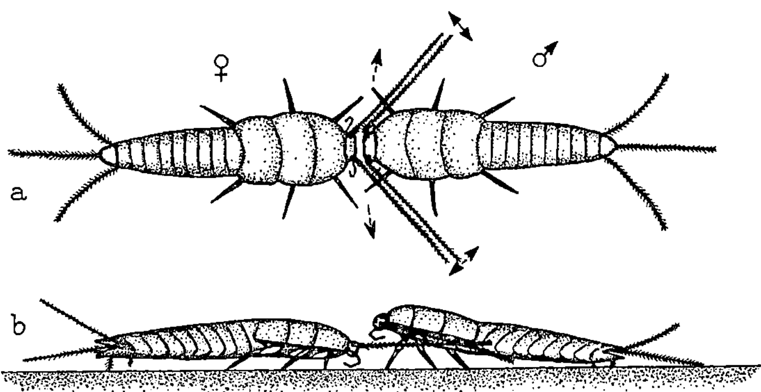

Abb. 81 a u. b. Silberfischchenpaar beim Vorspiel. Sie „köpfeln" miteinander und betrillern sich mit den Fühlern (Pfeile!); *a* von oben; *b* von der Seite. Natürliche Größe ca. 1,2 cm (nach H. Sturm 1956)

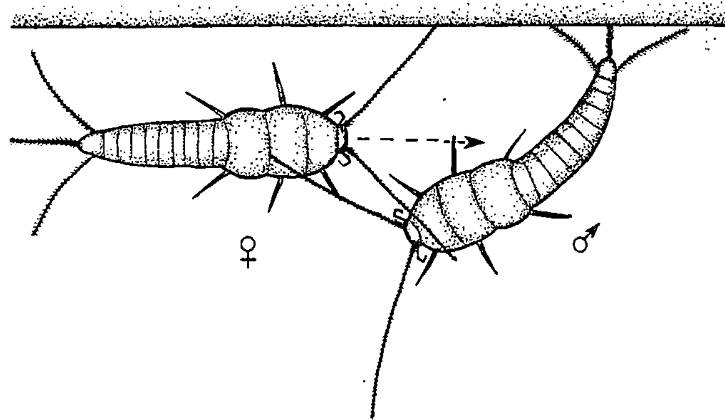

Abb. 82. Schließlich stellt sich das Männchen (rechts) dem Weibchen in den Weg, indem es neben einer Wand (oben) mit dem Schwanz hin und her schlägt, wobei es einige Fäden spinnt und ein Samenpaket am Boden ablegt (nach H. Sturm 1956)

schlägt ihr rasch ein paarmal mit dem Schwanz gegen die Stirn und wendet sich blitzschnell zurück. Wenn sie willig ist, folgt sie bald seinen Läufen. Nun kann er den schwierigeren Teil des Programms ablaufen lassen. Dazu braucht er vor allem eine kleine

Wand oder Erhebung, die sich wohl auch leicht überall finden
läßt. Er eilt wieder an ihr vorbei und ein Stückchen weg, dreht
sich um und schlägt nun schnell mit dem Hinterende mehrmals
gegen die Wand. Dabei zieht er Fäden, die schräg von der Wand
zum Boden führen, wie Abb. 84 zeigt. Er hält die Fäden also nicht
selbst gespannt. Ebenso hastig setzt er dann unter den Fäden eine
Samenkapsel auf den Boden. Die Eile, mit der er das alles tut,
scheint geboten, denn indessen ist die Partnerin herangekommen

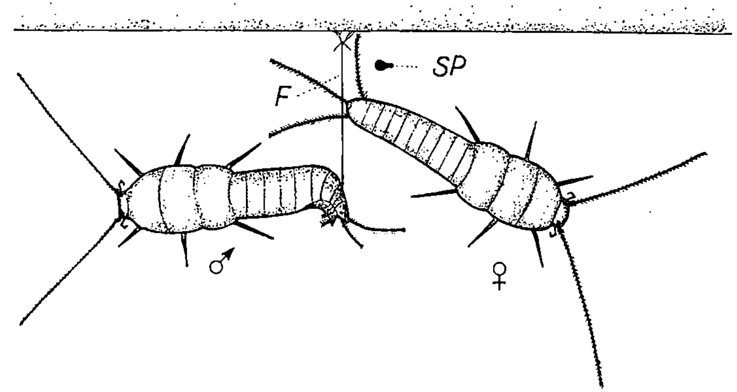

Abb. 83. Das Weibchen läuft inzwischen weiter, bis es mit seinem erhobe-
nen Schwanz an die Fäden (*F*) stößt, was offenbar ein Haltesignal ist; denn
augenblicklich bleibt es stehen, um mit seiner Geschlechtsöffnung nach der
Spermatophore (*SP*) zu suchen

und läuft, da er sich ihr nun nicht mehr entgegenstellt, mit erhobenem Schwanz seitlich an ihm vorbei. Dabei muß sie die ge-
spannten Fäden berühren. Im gleichen Moment hält sie inne, senkt
den Hinterleib und beginnt damit nach dem Samenpaket zu suchen.
Die Aufnahme gelingt ihr, wie H. Sturm beobachtet hat, in den
allermeisten Fällen. Wenn man die Fäden rechtzeitig zerreißt,
läuft sie, ohne anzuhalten, achtlos über die Spermatophore hinweg,
was beweist, daß jene als eine Art Haltesignal anzusehen sind.
   Die zweite Gruppe der Urinsekten, die sexualbiologisch relativ
gut untersucht ist, sind die *Springschwänze oder Collembolen.* Sie sind
einerseits eine der wichtigsten Bodentiergruppen, andererseits
zeigen sie das Phänomen der Indirekten Spermatophoren-Übertragung noch einmal in all seinen Spielarten. Die Fälle, die wir

bisher betrachtet haben, lassen sich ja etwa folgendermaßen
gliedern:

1. Die Geschlechtspartner bilden ein Paar, indem sie sich entweder
   a) fest verklammern (Skorpione, Geißelskorpione, gewisse
      Pseudoskorpione)
      oder
   b) in einem längeren „Liebesspiel" miteinander „verständigen"
      (Skolopender, Steinkriecher, Geophiliden, gewisse Pseudo-
      skorpione, Felsenspringer, Silberfischchen).

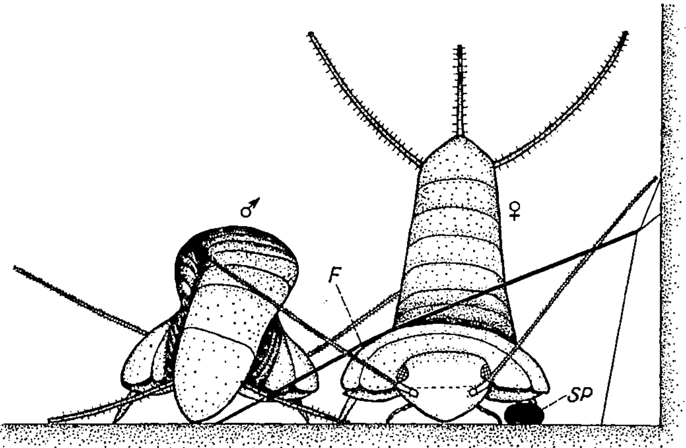

Abb. 84. Silberfischchenpaar aus der Froschperspektive gesehen; abgebildet
in dem Augenblick, da das Weibchen (rechts) am Männchen vorbeigehen will,
aber mit seinem Hinterleib an dem Faden (F) hängen bleibt. Die Spermatophore (SP) liegt auf dem Boden daneben. Der Faden ist von der Wand rechts
zum Boden hin gespannt. Er wird also hier nicht vom Männchen gehalten
(nach H. STURM 1956)

2. Die Partner nehmen keine besondere Notiz voneinander und
   handeln bei der Ablage und Aufnahme des Samens getrennt:
   Moosmilben, Pinselfüßer, Symphylen.

Fast jede dieser prinzipiellen Möglichkeiten erscheint nun noch
einmal bei den Collembolen verwirklicht. Sie sind ja überhaupt,
wie wir schon im Kapitel über die Lebensformen der Bodentiere
gesehen haben, eine besonders vielseitige Tiergruppe. Es gibt
kaum einen terrestrischen Lebensraum, den sie nicht bewohnten.
Sogar die Wasseroberfläche haben einige von ihnen besiedelt.

Mit einem dieser „Wasserläufer" wollen wir unsere Betrachtungen beginnen: Es ist die kleine *Kugelspringerart Sminthurides aquaticus*, die auf wasserlinsenreichen Tümpeln und Teichen in Gestalt kleiner gelber Pünktchen herumspaziert und schon bei geringer Störung in unerwartet hohem Sprung verschwindet.

Die Männchen sind meist wesentlich kleiner als die Weibchen. Sie sind zudem — im Gegensatz zu den allermeisten anderen Collembolen — sofort an ihren zu Klammerorganen umgebildeten Antennen zu erkennen (vgl. Abb. 85). Während der sommerlichen Fortpflanzungszeit sind

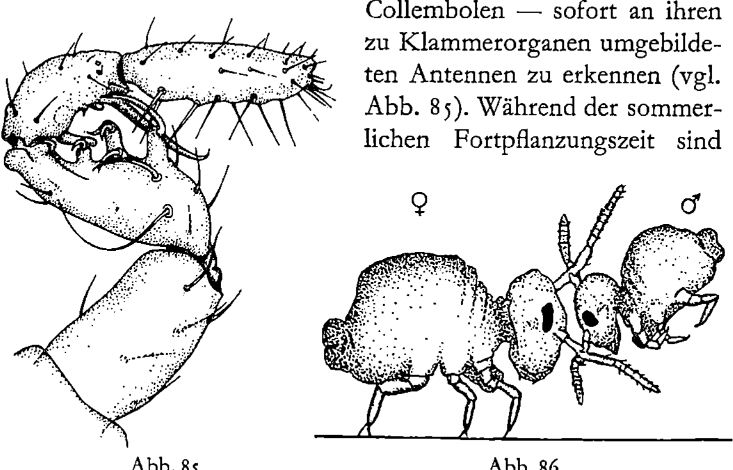

Abb. 85   Abb. 86

Abb. 85. Klammerantenne des Wasserkugelspringers *Sminthurides aquaticus*
Abb. 86. Pärchen des Wasserkugelspringers (nach E. HANDSCHIN)

die Pärchen leicht zu finden. Die Männchen hängen mit ihren Fühlern an denen der Weibchen. Während die Weibchen vielfach anscheinend ungestört herumlaufen und an Wasserlinsen fressen, schweben die Männchen scheinbar hilflos in der Luft oder liegen gar rücklings auf dem Buckel der Partnerin. Trotzdem übernehmen sie zu gegebener Zeit das Kommando, lassen sich herab und beginnen nun einen oft recht mühsam aussehenden „Tanz" mit ihrer „Riesendame". Sie ziehen sie vor und zurück, hin und her. Folgt sie willig genug, so setzen sie ein ungestieltes Samentröpfchen ab und zerren die Partnerin gleich zu ihm hin, was auf zweierlei Weise geschehen kann: a) indem die Männchen einfach rückwärts gehen und ihre Weibchen an den Antennen mitnehmen, oder b) indem sie an Ort und Stelle eine

Schwenkung um 180⁰ mit ihnen machen. Beides sieht ganz so aus, als würde es den Männchen Anstrengung machen. Meist wird aber das Ziel erreicht: die Weibchen können an der richtigen Stelle das Samentröpfchen mit der Vulva ertasten. Nur im Falle b) geht es gelegentlich schief und zwar, wenn der Größenunterschied zwischen den Partnern zu stark ist. Dann liegt der Drehpunkt des Paares nämlich so exzentrisch, daß das Weibchen mit seiner Vulva weit jenseits der Spermatophore ankommt und sie somit nicht mehr finden kann.

Wenn auch *Sminthurides aquaticus* auf dem Wasser lebt, so ist es doch auch ökologisch nicht ganz unbegründet, diesen Springschwanz im Rahmen einer Biologie der Bodentiere zu erwähnen; denn er ist gewiß erst sekundär zu dieser Lebensweise übergegangen. Seine nächsten Verwandten leben alle terrestrisch. Andererseits gehen auch viele terrestrisch lebenden Collembolen nicht gleich unter, wenn sie einmal ins Wasser geraten; sie haben eine schwer benetzbare Haut und sind so leicht, daß sie das Oberflächenhäutchen nicht durchstoßen. Auch die echten Bodenbewohner werden ja gelegentlich bei stärkeren Regengüssen vom Wasser eingeschlossen und überstehen das in einer kleinen Luftblase tagelang.

Sexualbiologisch aber ist *Sminthurides aquaticus* mit seinen Klammerantennen ein Unikum unter den Springschwänzen. Mit seinem Paarungsverhalten läßt sich noch am ehesten das eines anderen *Kugelspringers, Dicyrtomina minuta,* vergleichen. Diese Art liefert uns einen theoretisch besonders interessanten Fall, dessen Entdeckung wir auch H. MAYER (1957) verdanken.

Nach dem Laubfall tritt *Dicyrtomina* oft in Massen in Laub- und Mischwäldern auf. Das Fallaub und die Baumstämme können wie übersät von ihnen erscheinen. Wenn man sich nun die Mühe macht, dem Treiben der stecknadelkopfgroßen Gesellen näher zuzugucken, ergeben sich recht eigenartige „Familienverhältnisse": Die Weibchen gehen anscheinend unbekümmert um Partnersuche und Partnerwahl auf Nahrungssuche, ruhen zwischendurch und putzen sich viel. Die Männchen hingegen sind viel unruhiger; sie laufen von Blatt zu Blatt oder an den Baumstämmen auf und ab und suchen ein Weibchen. Sie haben immerhin so gute Augen, daß sie alles, was stecknadelkopfgroß ist und sich bewegt, schnurstracks ansteuern, um es mit den Fühlern zu betasten. Ist es gegen alle Wahrscheinlichkeit wirklich nur eine Stecknadel — natürlich kann solch eine böse Täuschung nur von einem Zoologen kommen, der sie „füglich" als „Attrappenversuch" entschuldigt —, dann läuft der kleine Kugelbauch schon nach dem ersten Antennenschlag weiter. Ist es ein Männchen, so wird der „Rivale" mit kräftigem Schub weggerempelt. Ist das stecknadelkopfgroße „Sehding" jedoch ein Weibchen, dann bleibt er, auch wenn sie ihn nicht im geringsten beachtet. Er betastet und umkreist sie und macht jede ihrer Wendungen mit. Sobald sie still sitzt, beginnt er, seine gestielten Samentropfen wie einen Palisadenzaun um sie herum aufzustellen. Es ist zwar ein lockerer und keineswegs gleichmäßiger Zaun, aber wenn sie nun weitergeht, ist die Wahrscheinlichkeit, daß sie eine der Spermatophoren trifft, wesentlich größer, als wenn diese irgendwo in der Gegend stünden. Und wenn sie legereife Eier hat, wird sie auch eine davon „mitnehmen".

Ich finde diesen Fall Indirekter Spermatophoren-Übertragung deswegen theoretisch höchst bemerkenswert, weil man ihn als ein stammesgeschichtliches Modell der Paarbildung ansehen kann: Bei Tieren, deren Männchen noch keine wirksamen Kopulationsorgane haben, geht der echten Paarbildung, für die ja das „Einverständnis" beider Partner Bedingung ist, offenbar ein Stadium voraus, wo die Männchen allein „Paarungs"-Verhalten zeigen. Die Dicyrtominen bilden verhaltensbiologisch gesehen sozusagen nur halbe „Paare", denn den Weibchen gehen offensichtlich noch alle Verhaltens- und Reaktionsweisen ab, wie sie füglich von Paarungspartnern zu erwarten sind.

Sminthurides und *Dicyrtomina* sind sogenannte Kugelspringer *(Symphypleona)*. Ihr gedrungener Leib, an dem kaum mehr die Segmentgrenzen zu erkennen sind, zeigt schon, daß sie als abgeleitete Formen zu betrachten sind. Die „normalen" Springschwänze hingegen haben einen gestreckten, wohlgegliederten Körper. Man nennt sie *Arthropleona*. Während alle Kugelspringer eine lange Sprunggabel (= Furca) besitzen, variiert die Länge dieses Hinterleibsanhangs bei den anderen Collembolen sehr. Wir hörten ja schon, daß viele euedaphische Arten gar keine Furca mehr haben (vgl. Abb. 14c Seite 17).

3. Nochmals Paarung ohne Paarbildung
bei den bodenbewohnenden Springschwänzen

Die Sexualbiologie der *Arthropleonen* gleicht der der Moosmilben. Die Männchen setzen gestielte Samentröpfchen ab, auch
wenn keine Weibchen dabei sind. Sie pflastern den Boden geradezu
mit ihren Spermatophoren; ein Männchen kann in 2—3 Tagen
weit über 100 Stück produzieren. Deren Stiele bestehen einfach

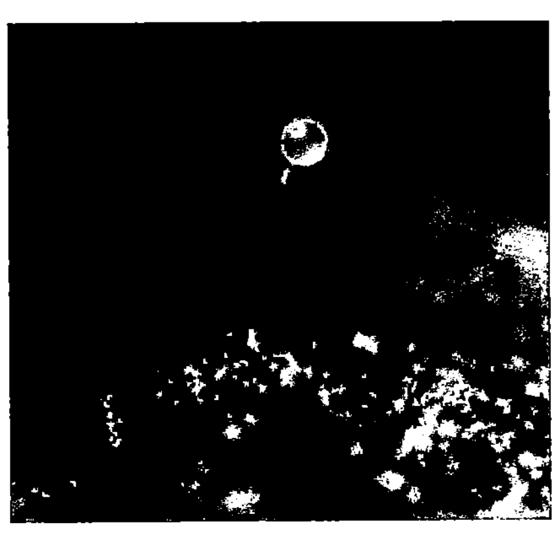

Abb. 87. Gestieltes Samentröpfchen eines
Springschwanzes. Natürliche Länge 0,6 mm
(nach H. MAYER 1957)

aus einem an der Luft
rasch erhärtenden elasti-
schen Sekret. Auch hierin
gleichen sich Collem-
bolen und Oribatiden (im
Gegensatz zu den Skor-
pionen, die ja besondere
Matritzen dafür haben).
Allerdings sind die Sper-
matophorenstiele der
Springschwänze nie wel-
lenförmig gebogen wie
die der Moosmilben, und
es fehlt ihnen auch der
endständige kleine Be-
cheraufsatz. Die Samen-
tröpfchen hängen einfach
kraft ihrer starken Viskosität (Zähigkeit) an den Stielspitzen, so
wie etwa Tautropfen an Haarspitzen von Pflanzen. Zu bestimmten
Zeiten ist der Boden buchstäblich übersät von diesen Gebilden;
denn die Collembolen sind ja sehr individuenreich. H. MAYER hat
einmal einen solchen Spermatophorenrasen in einem Walde bei
Mainz gefunden. Es sah aus, als sei alles von Schimmel bedeckt.

In diesen „Liebesgärten" gehen nun die Collembolen-Weibchen
spazieren. Wenn sie legereife Eier enthalten, nehmen sie dabei
eine charakteristische Haltung ein. Sie senken den Hinterleib auf
den Boden und wischen ihn mit dessen Unterseite ab. Auch wenn
sie dabei die einzelnen Samentröpfchen nicht genau fixieren können, müssen sie wohl in dem dichten Rasen das eine und andere
davon abstreifen. Sie nehmen den Samen also ungerichtet, sozu-

sagen zufällig auf. Ihre Geschlechtsöffnung besteht aus einem
Querspalt, was die Aufnahme der Samentröpfchen gewiß unter-
stützt. (Bei den Männchen ist es nur ein kleiner Längsschlitz.)

Auch die Männchen pflegen nicht achtlos in ihren Sperma-
tophorengärten herumzulaufen. Vielmehr zeigen sie dort ein fast
auffallenderes Verhalten als die Weibchen. Von Zeit zu Zeit
knicken sie die Fühler ab, wie in Abb. 89, und wackeln mit
dem Kopf hin und her. An der Stelle,
wo sie das tun, steht immer eine
Spermatophore, und zwar genau
zwischen den Fühlergrundgliedern,

Abb. 88   Abb. 89

Abb. 88. Das Weibchen von *Orchesella* beim „Streifen". 1 = Feuchtigkeits-
tropfen an der Geschlechtsöffnung, der das Abstreifen des Samentröpfchens
erleichtert; 2 = Spermatophore

Abb. 89. Springschwanz-Männchen (*Orchesella*) beim „Kopfschütteln" (Pfeil!).
Zwischen den Fühlergrundgliedern steht eine Spermatophore (1), die auf ihr
Alter geprüft wird (s. Text!)

mit denen sie offenbar „geprüft" wird. Anschließend fressen die
Männchen manche Samentröpfchen ab, während sie andere wieder stehen lassen. Immer wenn sie eines gefressen haben, stellen
sie gleich daneben ein frisches auf. H. MAYER hat durch genaue
Registrierung nachgewiesen, daß sie nur solche Tröpfchen fressen,
die mindestens 8 Stunden alt sind. Nach dieser Zeit ist das Sperma
offenbar nicht mehr funktionsfähig und muß ersetzt werden, damit
die Weibchen stets nur frisches vorfinden. Wir erinnern uns an die
Pinselfüßer, bei denen es genau so war. Auch die Moosmilben
fressen ihre eigenen Spermatophoren gern.

Auch bei den arthropleonen Collembolen sind also die Männchen und Weibchen im eigentlichen Sinne des Wortes keine Ge-
schlechts-„Partner". Sie nehmen kaum Notiz voneinander und
handeln getrennt. Nur die Männchen betasten die Weibchen gern

und halten sich mehr in deren Nähe auf. Sie setzen ihre Spermatophoren aber auch ab, wenn sie allein sind.

Da man bei diesen Springschwänzen lebende Männchen und Weibchen zunächst nicht unterscheiden kann, war das Studium ihres Sexualverhaltens besonders schwer. Da ich mich selber mit ihnen beschäftigt habe, sei hier ein wenig aus der Praxis des Bodentier-Verhaltensforschers geplaudert. Das Halten und Züchten von Springschwänzen ist ja, wie ich schon auf Seite 53 ausführte, relativ leicht.

Ich setzte meine Tiere (die große schwarzgelbe Laubstreu-Art *Orchesella villosa*; vgl. Abb. 90) gleich von Anfang an einzeln, um sie durch Isolierung möglichst in die rechte Stimmung zu bringen. Außerdem wurden sie dauernd beleuchtet, um sie ans Licht zu gewöhnen. Jedes bekam eine Nummer, und nun hatte ich nur die Aufgabe, in immer neuen Variationen Pärchen zusammen-

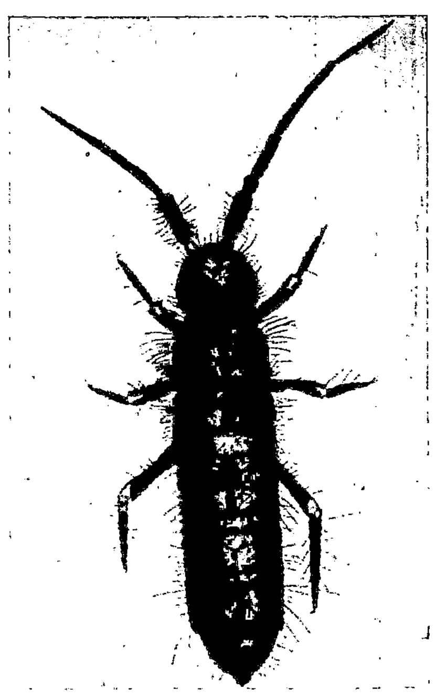

Abb. 90. *Orchesella villosa*, der 5 mm große, schwarzgelbe, Laubstreu bewohnende Springschwanz, bei dem die Spermatophoren der Collembolen entdeckt wurden (nach Lubbock 1930)

zusetzen. Ich beobachtete sie bei relativ schwacher Vergrößerung, weil ich natürlich erwartete, daß sie irgendwelche Paarungshandlungen zeigen müßten. Schließlich mußte ich ja bei meinen hundertfachen Kombinationsmöglichkeiten irgendwann einmal auch zwei paarungswillige Partner zusammengebracht haben. Aber wochenlang war alle Ausdauer und Aufmerksamkeit vergebens. Ich war nahe daran aufzugeben, da fielen mir zwei Tiere, die schon

länger beisammen saßen, dadurch auf, daß sie an verschiedenen
Stellen immer wieder stehen blieben, die Fühler abknickten und
den Kopf heftig schüttelten. Es war mehr Zufall, daß ich an solch
einer Stelle die stärkere Vergrößerung einschaltete. Da glänzte
mir auf hohem Stiele ein durchsichtiges Tröpfchen entgegen. Ich
hatte also gar kein „Pärchen" zusammengesetzt, sondern zwei
Männchen, die gerade eifrig dabei waren, ihre alten Spermatophoren zu prüfen und neue abzusetzen. Nach wenigen Stunden
weiteren Zuschauens war alles klar. Ich sah bald die charakteristische Tupfbewegung der Männchen, mit der sie das Stiel-
sekret am Boden anhefteten, und wie sie dann langsam den Hinterleib hoben, einen Augenblick so verharrten und schließlich davon-
gingen. An jeder Stelle, wo sie solches getan hatten, stand ein gestieltes Tröpfchen. Bald gelang es mir auch, an lotrechten Flächen
deren Entstehung genau zu beobachten. Das „Streifen" der Weibchen machte schließlich alles verständlich. Nun konnte ich sogar
deren Eierlegetermin bestimmen, denn es stellte sich heraus, daß
sie ohne Samenaufnahme keine legten. Hatten sie aber „gestreift",
so kamen die Eier spätestens 1—2 Tage später zum Vorschein.
Bald konnte ich auch die Männchen und Weibchen am bloßen
Aussehen unterscheiden, denn diese erwiesen sich regelmäßig
dicker und größer als jene.

Bis dahin war nur die Samenübertragung der Pseudoskorpione
durch ältere Arbeiten des Engländers Kew und des Franzosen
Vachon bekannt. Beide Fälle schienen also zunächst Ausnahmen
zu sein. Aber als dann H. Sturm die Felsenspringer-Geschichte
berichtete und gar F. Pauly den frappierend gleichen Fall der
Moosmilben entdeckte, war schon zu vermuten, daß wir einer
allgemeiner verbreiteten Verhaltens-Eigentümlichkeit der bodenbewohnenden Gliederfüßer auf der Spur seien.

4. Stammesgeschichtliche Betrachtungen

Heute, da wir die ganze Breite des Phänomens „Indirekte Spermatophoren-Übertragung" kennen, erscheint das zunächst Verwunder-
liche wieder ganz „natürlich". Wir sehen, daß offenbar das gemeinsame Leben im Boden diese Form der Samenübertragung ermöglicht und begünstigt hat. Der Boden ist ja sozusagen noch ein halb

aquatischer Lebensraum; denn seine Luft ist praktisch immer feuchtigkeitsgesättigt. Das flüssige Sperma vertrocknet dort nicht so schnell, so daß es die Bodentiere wenigstens vorübergehend ohne Schaden im Freien absetzen können. Daß sie sich überhaupt so umständlicher Übertragungsmethoden bedienen, hat wohl seinen Grund in ihrer Stammesgeschichte. Wir sind doch überzeugt, daß alles tierische Leben aus dem Wasser kommt. Demnach stammen auch die Vorfahren unserer bodenbewohnenden Gliederfüßer aus dem Wasser. Für die Krebs- und Spinnentiere wissen wir das aus den paläontologischen Funden sicher; für die Tausendfüßer und Insekten ist es ebenso wahrscheinlich. Im Wasser aber vollziehen bekanntlich viele Tiere auch heute noch die Besamung ihrer Eier außerhalb des mütterlichen Körpers. Dabei brauchen sie dort nicht unbedingt Spermatophoren zu bilden, denn ihre Spermatozoen sind in der Regel auch im Wasser lebensfähig und aktiv, so daß sie die ebenfalls frei ausgestoßenen Eier kraft ihrer eigenen Beweglichkeit leicht auch außerhalb des mütterlichen Körpers aufsuchen und befruchten können. Voraussetzung ist nur, daß sich die Geschlechtspartner zuvor über Ort und Zeit der Entleerung ihrer Geschlechtsprodukte einigermaßen verständigen, weil ja die winzigen Spermien keine großen Strecken zurücklegen können. Auf dem Lande erscheint diese Verständigung noch nötiger; denn dort muß der Samen portionsweise abgesetzt werden, damit er nicht zerfließt und vertrocknet und damit ihn die Weibchen besser finden und aufnehmen können. Die beste Lösung des ganzen Problems stellt natürlich die direkte Samenübertragung von

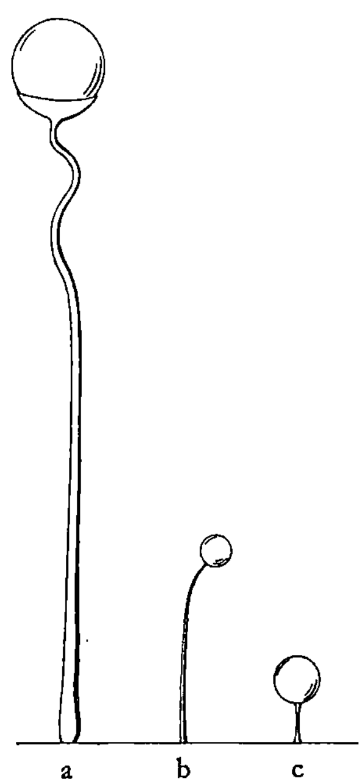

Abb. 91 a—c. Vergleich verschiedener gestielter Boden-Spermatophoren: a = Moosmilbe *Belba*; natürliche Höhe ca. 0,9 mm. b = Springschwanz *Orchesella.* c = Urinsekt *Campodea* (Doppelschwanz; s. S. 11)

Körper zu Körper dar; sie ist aber offensichtlich vielen Bodentieren „noch nicht" gelungen[1]. „Dafür" haben sie erstaunliche Verhaltensweisen entwickelt, die die nötige zeitliche und örtliche Koordination der Samenübertragung gewährleisten. Nur die Oribatiden (Moosmilben), Symphylen *(Scutigerella)* und Collembolen (Springschwänze) unterlassen eine derartige „Verständigung" ganz. Als echte Bodentiere können sie sich ihr „primitives" Verhalten, das „eigentlich" nur im Lebensraum Wasser möglich erscheint, auch erlauben, weil eben der Erdboden so gleichmäßig feucht ist.

Von besonderem stammesgeschichtlichem Interesse ist es, daß die Symphylen (*Scutigerella*; siehe S. 91) und Collembolen so ähnliche Spermatophoren bilden. Morphologen und Systematiker leiten ja übereinstimmend die Insekten von tausendfüßerähnlichen Vorfahren ab. Ihre Gründe dafür waren bis jetzt nur anatomischer und entwicklungsgeschichtlicher Art. Nun hat die Verhaltensforschung einen weiteren gewichtigen Grund für diese Annahme geliefert, der außerdem durch den Nachweis, daß noch eine andere Gruppe bodenbewohnender Urinsekten (die mit den Japygiden nahverwandten Campodeiden) ebenfalls einfache Stielspermatophoren produziert, wesentlich verstärkt wird. Nicht vergessen sei aber schließlich, daß wir bei den Springschwänzen allein schon eine schöne Bestätigung unserer Spekulation finden:

1. die Arthropleonen ohne jede Paarbildung,
2. die nur „halbe" Paare bildenden Dicyrtominen,
3. den *Sminthurides aquaticus* mit seinen fest verbundenen Partnern.

Das unscheinbare Tiergewimmel unter unseren Füßen wird zum Mikrokosmos der Gestalten und Verhaltensformen, wenn wir es nur aufmerksam und ernsthaft betrachten. Dem Biologen ist es aber nicht nur ein Beispiel mehr für die unerschöpfliche Mannigfaltigkeit aller Lebenserscheinungen, sondern Aufgabe zugleich,

---

[1] Einen stammesgeschichtlich besonders bemerkenswerten Fall stellen die bereits erwähnten stummelfüßigen tropischen Onychophoren *(Peripatus)* dar. Bei ihnen heften die Männchen im Laufe der Fortpflanzungszeit ihren Weibchen einfach außen auf die Haut Hunderte von Samenpaketen an. Die Haut der Weibchen wird dann an diesen Stellen aufgelöst, so daß die Spermien durch die Leibeshöhle zu den Ovarien (Eierstöcken) hinschwimmen können, wo sie die Eier befruchten. Die Weibchen der Onychophoren gebären infolgedessen lebende Junge.

seine Vielfalt zu ordnen und das Wesentliche und Typische herauszuheben. In diesem Sinne war der Überblick über die Sexualbiologie der bodenbewohnenden Gliederfüßer zu verstehen. Wir lernten ja nicht nur die Vielfalt der Verhaltensphänomene und morphologischen Details kennen, sondern mit ihnen zugleich das gemeinsame Prinzip der Indirekten Spermatophoren-Übertragung. Wir sahen, daß stammesgeschichtliche und ökologische Gründe sein spezifisches Vorkommen bei Bodenbewohnern verständlich machen.

Aber auch in anderen Funktionskreisen erschien uns die Tierwelt des Erdbodens als eine zwar bunte, aber doch auch recht geschlossene Gesellschaft, so wenn wir z. B. nochmals an die ihr eigenen Sinnesleistungen denken. Es gibt nur wenige tierische Lebensgemeinschaften, die so einheitlich und gut abgegrenzt erscheinen. Das hängt in erster Linie mit der relativen Einförmigkeit und leichten Abgrenzbarkeit des Lebensraumes Boden zusammen, was freilich nicht heißen soll, daß der Boden und seine Fauna eine selbständige Welt für sich seien. Schon im Kapitel über die produktionsbiologische Bedeutung der Bodentiere haben wir ja gesehen, daß der lebende Boden nicht autark ist, daß er also auf Zufuhr von außen angewiesen ist, wenn sein Stoffhaushalt im Gleichgewicht bleiben soll. Seine Tierwelt vor allem ist auf die dauernde Zufuhr von oben her angewiesen. Sie ist also im strengen ökologischen Sinne des Wortes keine echte „Lebensgemeinschaft" mit stärkerer autonomer Regulationsbefähigung, sondern nur Teil einer solchen. Am besten sieht man das dort, wo der Mensch ihre natürlichen „Lieferanten" beseitigt hat und den organischen Nachschub unterbindet: im Ackerboden. Dort ist die Bodenfauna sowohl qualitativ als auch quantitativ stark verarmt.

V. Abtrünnige Bodentiere

Andererseits gibt es auch gewisse Punkte, wo die Tierwelt des Erdbodens gleichsam Ausläufer in andere Lebensräume hat. Das gilt in erster Linie für die *Rindenfauna* der Bäume. Einen dem Boden entstammenden Rindenbewohner haben wir ja schon näher kennengelernt in Gestalt des kleinen Tausendfüßers *Polyxenus lagurus*

(vgl. S. 87). Neben ihm gibt es noch eine ganze Reihe weiterer
Bodentiere, die unter Baumrinden leben, vor allem Springschwänze
und Milben. In den feuchten Tropen hat sich auf diesem Wege

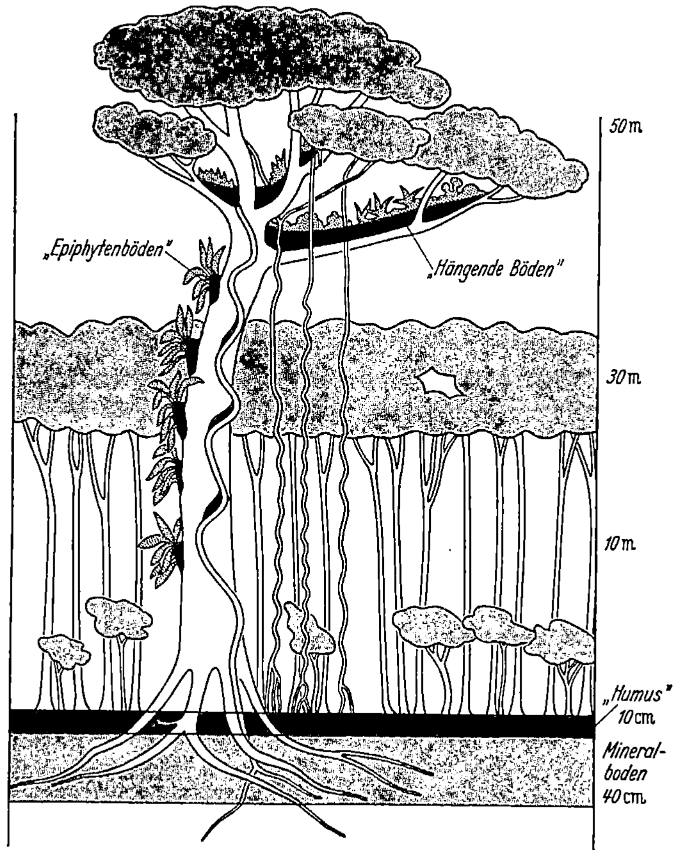

Abb. 92. Die „hängenden" Böden des regenfeuchten tropischen Urwaldes
nach einer Darstellung von DELAMARE-DEBOUTTEVILLE 1951. Die schwarzen
Auflagen auf den Lianen und Ästen bestehen aus Humus, der viele echte
Bodentiere enthält

eine neue Bodentiergemeinschaft außerhalb des Erdbodens entwickelt, die *Fauna der Epiphyten-* (= Aufwuchs-) Polster und hu-
mosen Astauflagen auf den Regen- und Nebelwaldbäumen. Man

kann dort nicht nur euedaphische Springschwänze, Milben und Tausendfüßer 30 m und höher über dem Boden finden, sondern auch Würmer, Asseln oder Skorpione. Die Bodentiere mischen sich dort allerdings mit Formen, die zum sogenannten Atmobios

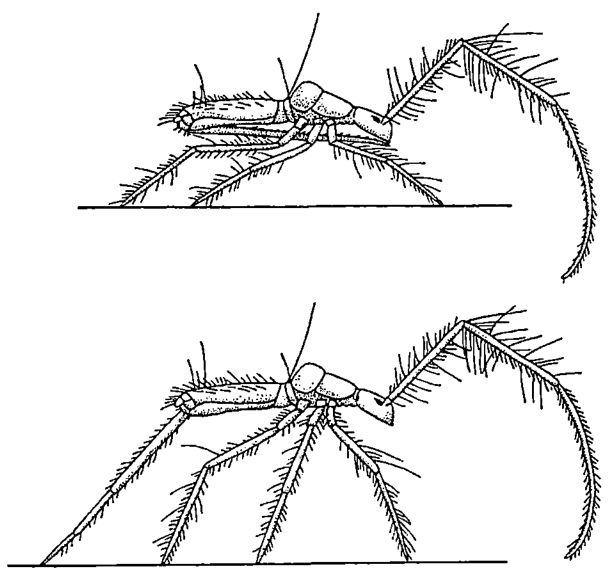

Abb. 93. Der baumbewohnende tropische Springschwanz *Campylothorax* (unten mit ausgeklappter Sprunggabel)

gehören, d. i. die Tierwelt, die auf den Zweigen und Blättern größerer Pflanzen lebt und die völlig anders aussieht, wie Abb. 93 an einem besonders drastischen Beispiel zeigt.

Auch einen anderen Punkt, an dem die Bodenfauna ihre Grenze gleichsam überschreitet, haben wir schon an einem Beispiel kennengelernt. Ich meine den kleinen, *auf der Wasseroberfläche* lebenden Kugelspringer *Sminthurides aquaticus*. So wie er leben noch ein weiterer Springschwanz, *Podura aquatica*, und verschiedene Bodenspinnen, die geschickt auf dem Wasser laufen können. Aber auch ins Wasser sind einige ursprüngliche Bodenbewohner gegangen, so z. B. verschiedene Milben. Unter ihnen haben die *wasserlebenden Oribatiden* ihre Bodentier-Natur am wenigsten abgelegt. Sie sehen wie normale Moosmilben aus; nur ihre pseudostigmatischen

Organe sind stark reduziert, wie wir schon gehört haben (vgl. S. 47). Hingegen sind die sogenannten Wassermilben echte Wassertiere geworden, die entweder im Grundwasser herumkriechen (Halacariden) oder im freien Wasser schnell und ausdauernd schwimmen können (Hydrachnellen). Unter den letzteren kommt bezeichnenderweise indirekte Spermatophoren-Übertragung vor. Die Männchen (von *Arrenurus*) heften sich mit einem Sekret an ihren Partnerinnen fest, setzen eine gestielte Spermatophore ab und sichern deren Aufnahme durch reibende Bewegungen. Wie K. BÖTTGER in noch unveröffentlichten Untersuchungen festgestellt hat, gibt es auch bei den Hydrachnellen eine ähnlich hübsche Stufenfolge im Paarungsverhalten, wie wir sie von den Collembolen gelernt haben.

Einen Sonderweg ganz eigener Art haben schließlich jene Bodentiere eingeschlagen, die sich wenigstens zu Zeiten auf Schnee und Eis wohler zu fühlen scheinen als auf dem Erdboden. Es sind die

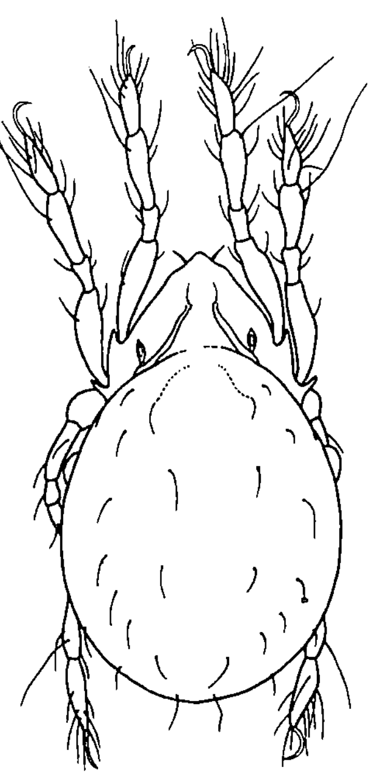

Abb. 94. *Hydrozetes*, im Wasser lebende Moosmilbe (nach L. BECK, unveröffentlicht)

sogenannten *Schneeinsekten* und die *Gletschertiere*. Zu den erstgenannten gehören verschiedene Arten der Collembolengattung *Isotoma*, die bei uns im Winter regelmäßig aus dem Schnee hervorkommen und munter auf und in ihm herumkriechen. Ein besonders typisches Schneetier ist der sogenannte Winterhaft *(Boreus hiemalis)*, ein schwarzes, flügelloses, spinnenbeiniges Insekt, das im erwachsenen Zustand nur während des Winters lebt und oft auf Schnee anzutreffen ist. Das Extrem aber stellt der Gletscherfloh dar, der bekanntlich kein Floh ist, sondern ein Springschwanz aus der eben erwähnten Gattung *Isotoma* (mit dem Artnamen *saltans*). Er ist an das Dasein in Eis und Schnee so angepaßt, daß er

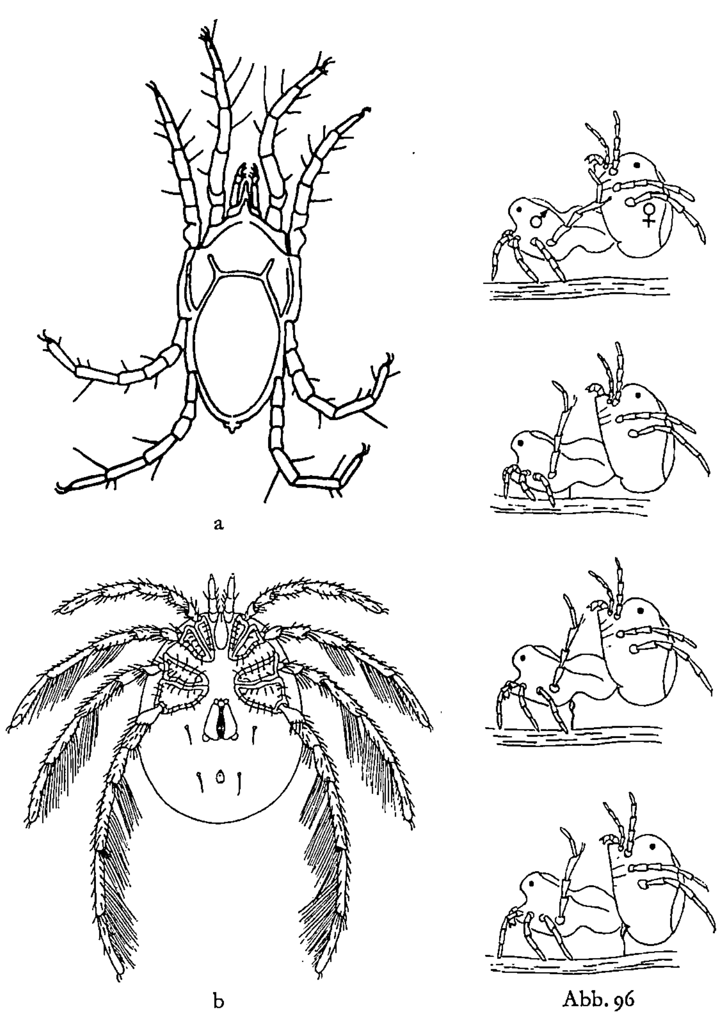

Abb. 95 a u. b. a Grundwassermilbe *Lobohalacarus* aus dem Harz (nach S. HUSMANN 1959). b Wassermilbe

Abb. 96. Paarung der Wassermilbe *Arrenurus globator*. Das Männchen nähert sich dem Weibchen von unten und heftet sich mit einem Sekret an ihm fest. Dann setzt es eine gestielte Spermatophore ab und sorgt durch reibende Bewegungen dafür, daß der Samen an der weiblichen Geschlechtsöffnung abgestreift wird.

außerhalb der Gletscherregion überhaupt nicht mehr lebensfähig
ist. Seine Nahrung besteht vorwiegend aus angewehten Pollen-
körnern. Nur zur Eiablage sucht er Steine auf, sonst verläßt er das
Eis nicht. Seine Vorzugstemperatur liegt unter $+ 3^0$C; Temperaturen über $+ 12^0$C meidet er. Er ist also auch auf sehr konstante
Bedingungen eingestellt; insofern gleicht er grundsätzlich seinen
edaphischen Verwandten, die es ja im Boden auch immer recht

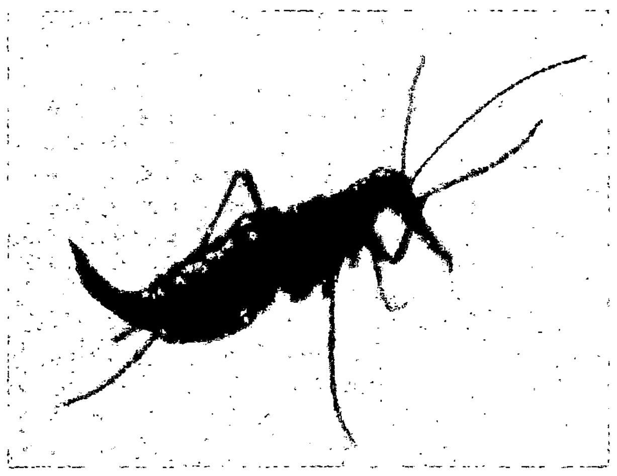

Abb. 97. *Boreus hiemalis*, der Schneefloh oder Schneehaft, ein Verwandter der
Skorpionsfliege (nach H. STRÜBING 1958). Natürliche Größe ca. 1 cm

kühl haben. Nur ist deren thermisches Existenzminimum sein
Optimum geworden. Einen Winterschlaf kennt der Gletscherfloh
ebenso wenig wie die Bodentiere; denn sowohl im Gletschereis als
auch im Boden sinkt die Temperatur auch während der schärfsten
Frostperioden bei weitem nicht so tief wie die Lufttemperatur.
Man kann im Winter viele Bodentiere unter dem Schnee aktiv
tätig finden; ebenso wurden auch Gletscherflöhe unter meter-
hohem Schnee im Eis „lebend" angetroffen. Den meisten dieser
Tiere macht es aber auch gar nichts aus, wenn sie gelegentlich
einmal vom Frost überrascht werden und „einfrieren". Nur die
Regenwürmer bilden eine Ausnahme. Sie sterben schon bei —1,5
bis —2^{0}C, weswegen sie im Winter regelmäßig tiefer in den Boden
gehen.

Der Übergang zum Leben an extrem kalt-stenothermen (= konstant kalten) Biotopen „fällt" Bodentieren offenbar „nicht schwer". Hingegen sind extrem xerotherme (= trockenheiße) Böden, z. B. Dünen- oder Wüstensand, wesentlich weniger von echten Bodentieren besiedelt. In den südlichen Ländern haben die Schwarzkäfer

Abb. 98a u. b. Der Gletscherfloh *Isotoma saltans* (Lebendaufnahme). a von der Seite, b von oben. Natürliche Größe 1,4 mm

(Tenebrioniden) eine besondere Vorliebe dafür. Sie leben in der Regel nur tagsüber tiefer darin; abends kommen die meisten von ihnen an die Oberfläche, um dort ihre Nahrung zu suchen. Das gilt im Sommer übrigens auch von unserer einheimischen Erdwanze *Brachypelta aterrima* (die wir wegen ihrer symbiosebedingten Brutpflege bereits kennenlernten; vgl. S. 70) und von einigen ihrer Verwandten (Cydniden) sowie von den grabenden Laufkäfern *Broscus cephalotes* und *Harpalus rufus*, soweit sie auf stark besonnten

sandigen Böden leben, wie etwa auf den diluvialen Sanddünen des
Rheintales bei Mainz, wo man tagsüber kein Tier sieht, während
es abends und nachts von ihnen wimmelt. Ihr Verhalten ist verständlich, wenn man weiß, daß die nackte Sandoberfläche mittags
über + 60°C heiß werden kann.

Der feuchte Sand des Meeresstrandes hingegen beherbergt eine
völlig andere und sehr gemischte Fauna. Da leben Meerestiere
und Landtiere eng nebeneinander. Die bekanntesten von ihnen
sind die Flohkrebse (Amphipoden) der Gattung *Talitrus* und
Orchestia, die man im schmalen Spülsaum der Wellen auf Schritt
und Tritt aufjagen kann (wobei sie stets zum Wasser hin fliehen),
sowie die grabenden Käfer der Kurzflügler-(= Staphyliniden-)
Gattung *Bledius*. Jene sind „eigentlich“ reine Wassertiere, diese
echte Erdbewohner; aber zusammen mit verschiedenen anderen
besiedeln sie von hüben und drüben den Meeresstrand als „Bodentiere“ besonderer Art. Sie leben von „Detritus“ (das ist Zerreibsel
organischer Herkunft) und von den Algen, die im feuchten Sand
gedeihen. Die *Bledius*-Käfer legen senkrechte Röhren an, deren
Wände sie dann abweiden. Sie betreiben auch eine bemerkenswerte
Brutfürsorge (vgl. Abb. 99).

Eine andere „Grenzfrage“ könnte man stellen: Wie tief reicht
die Bodenfauna maximal in den Boden hinein? Ich kann dazu nur
ein paar Extremfälle anführen: Im südlichen Ural gibt es Regenwürmer (*Allolobophora mariupolensis*), die in hartem Ton bis zu
8 m tiefe Röhren anlegen. Auch die erdbewohnenden Termiten
und Ameisen können mit ihren Bauten und Gängen mehrere
Meter in den Boden hineingehen. Vor allem in den trockenheißen
Tropengebieten führen von den Termitenbauten immer einige
Röhren bis zum Grundwasserspiegel hinab, der dort 4—5 m tief
liegen kann. Es handelt sich also wohl in allen solchen Extrem-
fällen nicht um die „Wohntiefe“ der Tiere, sondern um spezielle
Wasserbohrungen. Im allgemeinen besiedeln die Bodentiere nur
eine schmale oberflächliche Zone; das trifft insbesondere für die
kleinen Formen zu.

Eine sehr charakteristische Ausnahme macht die Bodenklein-
tierwelt der Friedhöfe, die in etwa 1,5 m Tiefe eine zusätzliche Be-
siedlungsschicht aufweist. Dort leben vor allem Springschwänze
der Gattung *Onychiurus*.

Schließlich wäre noch ein Weg zu diskutieren, auf dem einerseits Bodentiere ihren Lebensraum verlassen können und der andererseits eine Einwanderungsmöglichkeit für „Fremdlinge" bietet. Es ist der Weg der Phoresie (= Transport durch andere

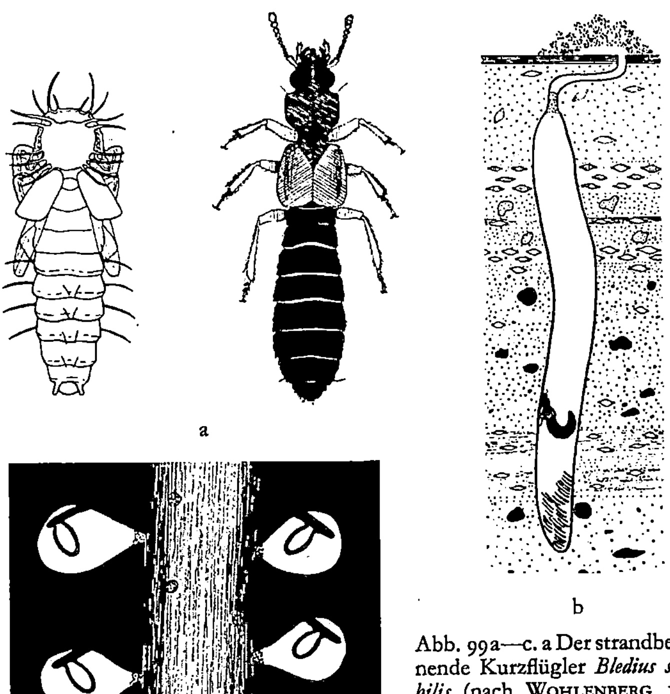

a

b

c

Abb. 99a—c. a Der strandbewohnende Kurzflügler *Bledius spectabilis* (nach WOHLENBERG 1937). Rechts: das fertige Geschlechtstier, links: die Puppe. b Seine Wohnröhre. Das obere Ende der unverzweigten Röhre durchstößt entweder senkrecht von unten kommend direkt oder erst nach einer scharfen Wendung — parallel zur Oberfläche laufend — den Cyanophyceen(=Blaualgen-)rasen der Standortsoberfläche. Über der Röhrenöffnung liegt der charakteristische Krümelhaufen. c Seine Eikammern, die rechts und links von der Wohnröhre angelegt, aber locker verschlossen werden. Die Eier sind darin an Sekretstielen schräg aufgehängt (Schutz vor Feuchtigkeit und Verpilzung!)

Tiere) und des Parasitismus. Wir haben auf Seite 68 von der Käfer-milbe *Parasitus coleoptratorum* gesprochen, die als blinder Passagier auf Mistkäfern mitfliegt, um von einem Kothaufen zum anderen zu kommen. Dieser Instinkt, den man als Phoresieverhalten be-zeichnet, ermöglicht es den bodengebundenen Tierchen, wenig-

Abb. 100. Der Mistkäfer *Geotrupes* mit Käfermilben (*Parasitus coleoptratorum*) besetzt. Sie benutzen ihn als Flugzeug von einem Kothaufen zum anderen (nach A. Rapp 1959)

stens zeitweise die engen Grenzen ihres Lebensraumes zu spren-gen. Noch bemerkenswerter ist es, daß einige kot- und fäulnis-bewohnende Nematoden (Fadenwürmer) dasselbe tun können. Auch sie heften sich nicht selten als sogenannte Dauerstadien an Mistkäfer an. Nun beschränken sich aber manche Milben und Fadenwürmer nicht darauf, sich an ihren Tragewirten nur fest-zuheften, sondern sie gehen dazu über, sie auch als Nahrungsquelle auszunützen; d. h. sie sind Parasiten geworden. Als solche können sie dann einen großen Teil ihres Lebens außerhalb des Bodens zu-bringen. Gerade bei den Nematoden gibt es viele Beispiele da-für, vor allem in der Gruppe der Mermitiden, die ihre Jugend-entwicklung regelmäßig in Insekten durchmachen, während sie zur

Geschlechtsreife in den Boden auswandern (bzw. besser gesagt: wieder einwandern, denn ursprünglich sind sie wohl ganz freilebende „Erdnematoden" gewesen).

VI. Schlußbetrachtung

Wir sehen, wie viele offene ökologische und biologische Grenzen auch der scheinbar so geschlossene Lebensraum Boden hat. Seine Tierwelt ist keine geschlossene Gesellschaft; denken wir an die vielen Insekten, die nur als Larven in ihm leben oder gar nur als Puppen in ihm ruhen. Da bei den meisten von ihnen das Larvenstadium den weitaus wichtigsten und längsten Lebensabschnitt darstellt, könnte man selbst die Maikäfer mit ihren Engerlingen, die Eulenschmetterlinge mit ihren Erdraupen oder die Zikaden mit ihren grabenden Larven auch zur „Bodenfauna" zählen. Der Engerling lebt ja 4 Jahre im Boden, der Käfer höchstens 4 Wochen im Baum; und noch krasser sind die Verhältnisse bei manchen Zikaden; in Nordamerika gibt es eine Art *(Tibicen septendecim)*, die 17 Jahre als Larve im Boden haust, um dann nur wenige Wochen frei zu leben.

Somit ließe sich unsere kleine Biologie der Bodentiere nach verschiedenen Seiten hin beliebig erweitern. Im Organismenreich gibt es ja nirgends scharfe Grenzen. Auch die Lebensgemeinschaft des Bodens ist nur ein willkürlicher Ausschnitt aus ihm. Trotzdem haben wir an ihrem Beispiel das ganze bunte Spektrum der organismischen Lebenserscheinungen kennengelernt und alle großen Probleme der Biologie gestreift: Herkunft und Entstehung, Bau- und Formenreichtum, Fortpflanzung, Entwicklung und Vermehrung, Stoffwechsel, Sinnesleben und Verhalten, Umwelt, Individuum und Gemeinschaft. Die kleine verborgene Welt erwies sich als ein Mikrokosmos der Gestalten und Verhaltensformen, ein Abbild der Welt im Großen. Dem Biologen kommt dies nicht unerwartet; er ist ja gewohnt, den Lebensgesetzen und Lebenserscheinungen an vielerlei verborgenen und bescheidenen Beispielen nachzuspüren.

Der Zweck dieses Büchleins ist erfüllt, wenn es dazu beiträgt, die unter unseren Füßen verborgene Wunderwelt auch dem zoologischen Laien näherzubringen.

Sachverzeichnis